經營顧問叢書 ⑱

找方法解決問題

張崇明　編著

憲業企管顧問有限公司　　發行

《找方法解決問題》

序 言

成功的人，贏在碰到問題會去找方法！

　　失敗一定有原因，成功一定有方法，要想成功，必須找到能達到最佳執行效果的方法，使自己能夠脫穎而出，並迅速地超越對手。沒有方法，一味地莽撞莽幹，是無法超越對手的。成功的人都是一些既注重執行，又注重方法的人。

　　事實上，成大事者和平庸之輩的根本區別之一，就在於他們是否在遇到困難時理智對待，主動尋找解決的方法。

　　有兩隻螞蟻想翻越一段牆，尋找牆那邊的食物。

　　那只紅螞蟻來到牆根就毫不猶豫地向上爬去，可是當它爬到大半時，就由於勞累疲倦而跌落下來。可是它不氣餒，一次次跌下來，又一次次迅速地調整一下，重新開始向上爬去。而黑螞蟻則觀察了一上，決定繞過牆去。很快，黑螞蟻繞過牆來

到食物前，開始享用起來。

這時，紅螞蟻仍在不停地跌落下去又重新開始。

紅螞蟻與黑螞蟻正是代表了工作中的兩種人：紅螞蟻對應的是遇事腦袋一根筋，不會變通，不會主動找方法；黑螞蟻對應的則是帶著思想去工作，思維靈活，用方法高效解決問題。

這本書的觀點，即：只為成功找方法，不為失敗找藉口。在工作中，我們都曾遇到過困難和問題。這時候，有的人積極地想辦法去解決問題，而有的人則去尋找藉口，逃避責任。於是，前者成為了成功者，後者淪落為失敗者，成功必有方法，失敗必有原因。

凡事找方法解決者，一定是成功者；凡事找藉口推脫者，一定是失敗者！

「只為成功找方法，不為失敗找藉口」、「方法總比問題多！」成功和勝利，永遠屬於會找方法的人！這一理念，實際可以應用在許多領域。

是的，找理由為自己的失敗辯解，只會加倍失敗，只有去找方法才會有成功。那麼我們為何不選擇找方法呢？

「不找藉口找方法，方法總比問題多！」

假如你擁有這方面的認知和智慧，你就不僅會帶著自動自發的精神去努力工作，而且你還會因為掌握方法而創造非凡的業績，並因此擁有越來越多的自信。不僅如此，你將從此不怕問題，而且還會將所遭遇的問題，變為你進一步成長和發展的機會！

此書是本公司所出版的暢銷書「找方法（技巧篇）」的再版

本，再加上「**為成功找方法，不為失敗找藉口**」的內容，去蕪存菁，使得全書內容更豐富。

　　本書的目的，一是強調「**唯有積極、主動尋找方法去解決問題，才能成功。**」二是具體「**提出解決問題的方法**」，就是為了幫助在執行中遇到困難，找到最佳的方法，終結問題，加速成功，全書內容更豐富、精彩！對你在解決問題、提升績效，必有所突破！

2008 年 6 月 5 日

《找方法解決問題》

目　錄

第一部　觀念篇

第二部　方法篇

第三部　工作應用篇

第一章

主動找方法，就能成功

1

此路不通，另辟他徑

這個世界沒有什麼事情都能完全預見的先知，因為未來將要發生的事有太多的不可知因素，有太多的變數。為了應付這些難以預見的情況，我們必須為目標的實現預備多種應變方案。在已經選擇的方法遇到極大阻礙，已經毫無實現的可能時，我們必須快刀斬亂麻，此路不通另辟他徑，迅速地實施新的推進方法，以求目標的實現。

有位科學家曾做過這樣一個試驗：把幾隻蜜蜂放在瓶口敞開的瓶子裏，側放瓶子，瓶底向光，蜜蜂會一次又一次地飛向瓶底，企圖飛近光源。它們決不會反其道而行，試試另一個方向。因為瓶中對它們來說是一種全新的情況。因此，它們無法適應改變之後的環境。另外，在長期的生存經驗中，蜜蜂也只知道有光的地方才是開放的、有出口的，而黑暗的地方肯定是封閉的、會碰壁的，就如它們生活的蜂巢一樣。

科學家又用同樣的方式做了一次試驗。這次瓶子裏不放蜜蜂，改放幾隻蒼蠅。瓶身側放，瓶底向光。結果不到幾分鐘，所有的蒼蠅都飛出去了。它們多方嘗試——向上、向下、面光、背光。蒼蠅常會一頭撞上玻璃，但最後總會振翅飛向瓶頸，飛出瓶口。

科學家解釋這個現象說：「在常規方法遇到障礙的時候，我們應該考慮是否有其他可行的方法。橫衝直撞要比坐以待斃高明得多。」

瓦特改進、發明的蒸汽機是對近代科學和生產的巨大貢獻，直接導致了第一次工業技術革命的興起，極大地推進了社會生產力的發展，是公認的蒸汽機發明家。他在對蒸汽機創造性的改進過程中，就充滿了對傳統理論和習慣思維的不斷挑戰，表現出超人的創新精神和實踐勇氣。

少年時代的瓦特，由於家境貧苦和體弱多病，沒有受過完整的正規教育。但在父母的教導下，一直堅持自學，到15歲時就學完了《物理學原理》等書籍。

17歲的時候，瓦特到倫敦和格拉斯哥的工廠當徒工。憑藉著自己的勤奮好學，他很快學會了製造那些難度較高的儀器，

練就了精湛的手藝。

　　30 歲的那年，在教授台克的介紹下，瓦特進入格拉斯哥大學當了教學儀器的工人。這所學校擁有比較完善的儀器設備，這使瓦特在修理儀器時認識了當時最先進的技術。這時，他對以蒸汽作動力的機械產生了濃厚的興趣。

　　一次，學校請瓦特修理一台紐可門式蒸汽機。在修理的過程中，瓦特熟悉了蒸汽機的構造和原理，並且發現了這種蒸汽機的兩大缺點──活塞動作不連續而且慢；蒸汽利用率低，浪費燃料。

　　之後，瓦特開始思考改進的辦法。開始的時候，瓦特一直著力於如何在紐可門蒸汽機原有的設計思想上進行改進，但一直沒有實質的進展。

　　一年後，在一次散步時，瓦特想到，既然紐可門蒸汽機的熱效率低是蒸汽在缸內冷凝造成的，那麼為什麼不能讓蒸汽在缸外冷凝呢？瓦特產生了採用分離冷凝器的最初設想。

　　在產生這種設想以後，瓦特在同年設計了一種帶有分離冷凝器的蒸汽機。按照設計，冷凝器與汽缸之間有一個調節閥門相連，使他們既能連通又能分開。這樣既能把做功後的蒸汽引入汽缸外的冷凝器，又可以使汽缸內產生同樣的真空，避免了汽缸在一冷一熱過程中熱量的消耗。根據瓦特的理論計算，這種新的蒸汽機的熱效率將是紐可門蒸汽機的三倍。

　　從 1766 年開始，在 3 年多的時間裏，瓦特克服了在材料和工藝等各方面的困難，終於在 1769 年制出了第一台樣機。同年，瓦特因發明冷凝器而獲得他在革新紐可門蒸汽機的過程中的第一項專利。

自 1769 年試製出帶有分離冷凝器的蒸汽機樣機之後，瓦特就已看出熱效率低已不是他的蒸汽機的主要弊病，而活塞只能作往返的直線運動才是它的根本局限。如何改變活塞的直線運動方式，又使活塞能夠正常做功呢？瓦特想改變這一原始方式，卻一直未能成功。

　　1781 年，瓦特在參加圓月學社的活動時，會員們提到天文學家赫舍爾在當年發現的天王星，以及由此引出的行星繞日的圓週運動啟發了他。他想到了把活塞往返的直線運動變為旋轉的圓週運動就可以使動力傳給任何工作機。同年，他研製出了一套被稱為「太陽和行星」的齒輪聯動裝置，終於把活塞的往返直線運動轉變為齒輪的旋轉運動。為了使輪軸的旋軸增加慣性，從而使圓週運動更加均勻，瓦特還在輪軸上加裝了一個火飛輪。由於對傳統機構的這一重大革新，瓦特發明的這種蒸汽機才真正成為了能帶動一切工作機的動力機。

　　1781 年底，瓦特以發明帶有齒輪和拉杆的機械聯動裝置獲得第二個專利。由於這種蒸汽機加上了輪軸和飛輪，這時的蒸汽機在把活塞的往返直線運動轉變為輪軸的旋轉運動時，多消耗了不少能量。這樣，蒸汽機的效率不是很高，動力也不是很大。為了進一步提高蒸汽機的效率，增大蒸汽機的效率，瓦特在發明齒輪聯動裝置之後，對汽缸本身進行了研究，他發現，雖然把紐可門蒸汽機的內部冷凝變成了外部冷凝，使蒸汽機的熱效率有了顯著提高，但他的蒸汽機中蒸汽推動活塞的衝程技術與紐可門蒸汽機沒有不同。兩者的蒸汽都是單向運動，從一端進入、另一端出來。

　　他想，如果讓蒸汽能夠從兩端進入和排出，就可以讓蒸汽

既能推動活塞向上運動，又能推動活塞向下運動。那麼，蒸汽機的效率就可以提高一倍！

1782 年，瓦特根據這一設想，試製出了一種帶有雙向裝置的新汽缸。由此瓦特獲得了他的第三項專利。把原來的單向汽缸裝置改裝成雙向汽缸，並首次把引入汽缸的蒸汽由低壓蒸汽變為高壓蒸汽，這是瓦特在改進紐可門蒸汽機的過程中的第三次飛躍。通過這三次技術飛躍，紐可門蒸汽機完全演變為了瓦特蒸汽機。

從最初接觸蒸汽技術到瓦特蒸汽機研製成功，瓦特走過了二十多年的艱難歷程。瓦特雖然多次受挫、屢遭失敗，但他仍然堅持不懈、百折不回，不斷地對前人和自己的方法進行否定和改進，此路不通時，便另闢他徑，不斷嘗試，終於完成了對紐可門蒸汽機的三次革新，使蒸汽機得到了更廣泛的應用，成為改造世界的動力。

懂得另闢蹊徑的人不僅需要極具創意的頭腦、靈巧的雙手，還要有一顆熱愛生活的心，善於發現、善於利用，其實，可以改變和創新的的確不少。

切蘋果歷來都是豎著切，人們從來都如此，誰也不曾想過橫著切，而且還會認為橫著切是錯的。可是一個 6 歲的孩子卻橫著把蘋果切開了，因為他腦子裏沒有「橫著切是錯的」這樣的框框。於是人們就看到了蘋果的橫斷面上的那個由果核組成的五角星。

可見，如果不改個切法，人們永遠也發現不了這個五角星，所以這個小事告訴我們，做事不要被固有的思維定式所束縛，另闢蹊徑，別有洞天。

　　生活在現代的我們，一定要拋棄舊觀念、舊做法，大膽創新、另辟新路。在思考問題的時候敢於從新的角度入手，只有這樣，才能出現新的結果，才能有所進步。

　　在我們的生活中，常有這樣的情況，一些做事方法經過人們多年的重覆，在人們頭腦中固定下來，大家墨守成規，不再想著另選一種方法，因而事情永遠是老樣子。其實這些舊有的方法，也許並不是最好的，只不過大家都這麼做而已。在這種時候，想要發展進步，這種舊有的觀念就成了絆腳石，它會阻礙我們的前進。

　　圓珠筆剛發明的時候，芯裏面裝的油較多，往往油還沒用完，小圓珠就被磨壞了，弄得使用者滿手都是油，很狼狽。於是很多人開始想辦法延長圓珠的使用壽命，用過不少特殊材料來製造圓珠，但是珠子仍然在筆芯中的油沒用完時就壞掉了。因而很多人認為圓珠筆將被淘汰。就在這時候，有人拋棄了改進圓珠的做法，改換思路，把筆芯變小，讓它少裝些油，使油在珠子沒壞之前就用完了。於是，問題解決了，圓珠筆大行於世。

　　由此可見，在某些時候，舊的思維定式不能解決問題，就一定要改換想法，另辟路徑。

　　俗話說「別一條道跑到黑」，應該給我們些啓發。它雖說通俗，卻一樣在告訴我們另辟路徑，就會別有洞天。

總之，我們如果敢於衝破條條框框，就會成為一個另辟路徑的革新者！

2

成功的人最重視的是找方法

李嘉誠，華人首富，他的名字可謂家喻戶曉。他之所以能夠做得那麼成功，是有一定原因的。從打工的時候開始，他就是一個通過找方法去解決問題的高手。

李嘉誠先是在茶樓做跑堂的夥計，後來應聘到一家企業當推銷員。做推銷員首先要能跑路，這一點難不倒他，以前在茶樓成天跑前跑後，早就練就了一副好腳板，可最重要的，還是怎樣千方百計地把產品推銷出去。

有一次，李嘉誠去寫字樓推銷一種塑膠灑水器，一連走了好幾家都無人問津。一上午過去了，一點成績都沒有，如果下午還是毫無進展，那回去將無法向老闆交代。

儘管推銷頗為艱難，他還是不停地給自己打氣，精神抖擻地走進了另一棟辦公樓。他看到樓道上的灰塵很多，突然靈機一動，沒有直接去推銷產品，而是去洗手間，往灑水器裏裝了一些水，將水灑在樓道裏。十分神奇，經他這樣一灑，原來髒兮兮的樓道，一下變得乾淨了許多。這一來，立即引起了主管辦公樓的有關人員的興趣，就這樣，一下午他就賣掉了十多台灑水器。

李嘉誠這次推銷為什麼能獲得成功呢？原因在於把握了一個非常有效的推銷方法：要讓客戶動心，就必須掌握他們如何才能受到影響的規律。「聽別人說好，不如自己看到的好；看到的好，不如使用起來好。」總講自己的產品好，那能比得上親自示範、讓大家看到使用後的效果呢？

在做推銷員的整個過程中，李嘉誠十分重視分析問題和總結方法。在幹了一段時期的推銷員之後，公司的老闆發現：李嘉誠跑的地方比別的推銷員都多，成績也是全公司最好的。

原來，他將香港分成幾大片區，對各片的人員結構進行分析，瞭解那一片的潛在客戶最多，就有的放矢地去跑，重點推銷，再加上他的勤奮，這樣一來，獲得的收益自然要比別人多。

所以，李嘉誠的成功，靠的是努力，靠的是不斷尋找解決問題的方法，然後努力去執行。

許多年前，美國興起石油開採熱。有一個雄心勃勃的小夥子，也來到了採油區。但開始時，他只找到了一份簡單枯燥的工作，他覺得很不平衡：我那麼有創造性，怎麼能只做這樣的工作？於是便去找主管要求換工作。

沒有料到，主管聽完他的話。只冷冷地回答了一句：「你要麼好好幹，要麼另謀出路。」

那一瞬間，他漲紅了臉，真想立即辭職不幹了，但考慮到一時半會兒也找不到更好的工作，於是只好忍氣吞聲又回到了原來的工作崗位。

回來以後，他突然有了一種感覺：我不是有創造性嗎？那麼為何不能就從這平凡的崗位上做起呢？

於是，他對自己的那份工作進行了細緻的研究，發現其中

的一道工序，每次都要花 39 滴油，而實際上只需要 38 滴就夠了。

經過反覆試驗，他發明了一種只需 38 滴油就可使用的機器，並將這一發明推薦給了公司。可別小看這 1 滴油，它給公司節省了成千上萬的成本。

你知道這位年輕人是誰嗎？他就是洛克菲勒，美國最有名的石油大王。這個故事給我們的啟示就是：只要你處處留心，注意找方法，那麼人人都能成為成功者！處處都是成功的良機！

外界的困難，不如意的條件，一個接著一個的壓力與挑戰等，它們無法嚇倒一個真正優秀的人。

關於洛克菲勒，還有一個非常經典的故事。

第二次世界大戰後，剛成立的聯合國因為沒有合適的辦公地點而發愁。這時，洛克菲勒慷慨地將自己在紐約的一大片土地，無償地捐給聯合國。聯合國的領導喜出望外，接受了這份饋贈，並對洛克菲勒表示了深深的謝意。

難道洛克菲勒得到的僅僅就是聯合國的謝意嗎？不，早在給聯合國捐贈之前，他就在紐約買了一大片土地，但是那些土地的情況很不樂觀，為了扭轉這一局面他正在想方設法，而當他知道剛成立的聯合國因為沒有合適的辦公地點而發愁時，覺得轉機來了。聯合國接受他的饋贈後，週邊土地的價格立刻飛漲，他扣除所捐土地的成本，他還狠狠地賺了一大筆！

這就是重視找方法帶來的巨大價值和妙處！

3

凡事都有方法

在我們的生活與工作中，你是否經常被各種應接不暇的問題弄得焦頭爛額呢？你是否在面對問題的時候覺得進退維谷、束手無策呢？

此時，你千萬不能只坐在那裏盯著問題發呆或是置之不理，而是應該積極地去思考解決問題的方法。

正所謂：世上無難事，只怕有心人。只要你努力地去想辦法，相信問題就一定能有其解決之道。

在 IBM 公司，全球所有管理人員的桌上，都擺著一塊金屬板，上面寫著「Think」(想)。這個字的精髓，是 IBM 的創始人華特森創造的。

有一天，寒風凜冽，淫雨霏霏，華特森一大早就召開了銷售會議。會議一直進行到下午，氣氛非常沉悶，沒人說話，大家也顯得焦躁不安。

這時，華特森站起來，在黑板上寫了一個大大的「Think」，然後對大家說：「我們缺少的，是對每一個問題充分地去思考，要記住，我們都是靠思考賺得薪水的。」

從此，「Think」成為了華特森和公司的座右銘。

　　一天，一家酒店遇到了一個非常棘手的問題。原來住在酒店裏的一位外國客人非常喜愛北京的風土人情，就租了一輛人力三輪車去北京的胡同遊玩。

　　當外國客人在外面轉悠了半天，玩得不亦樂乎，回來結賬的時候卻發生了不愉快，原來人力車夫按標價收 180 元錢一個人，而外國客人覺得最多就值 100 元錢。

　　於是兩人就開始討論價錢，爭執到最後差點打了起來。局面弄得非常僵，沒辦法，酒店只好出面來調解這個僵局。

　　酒店在兩方面之間不斷協調，希望找到一個最好的中間價，使雙方都能接受。調解到最後，人力車夫最少要收 160 元錢，而外國客人最多只願意出 140 元錢，雙方都不願意再讓步。於是，問題又僵住了，無論酒店裏的工作人員怎麼調解也無濟於事。

　　就在這樣僵持不下的時候，酒店的工作人員做了一個分析：問題的關鍵並不在價錢上，而是在兩個人的面子上。因為雙方都還不至於為這區區 20 元錢而大動干戈，而之所以這樣寸土不讓，關鍵在於事關面子，雙方都要賭一口氣。

　　要想解決問題，就必須想辦法同時保住兩個人的面子，能讓他們下得台來。

　　而如何才能使兩個人都覺得沒有丟面子呢？

　　為此，酒店的工作人員開始絞盡腦汁，想起辦法來。終於，見多識廣的大堂經理想出了一個兩全其美的方法：外國人都有給服務員小費的習慣，那麼就讓外國客人再給人力車夫 10 元錢的小費，變成 150 元錢。外國客人覺得車費還是 140 元，就接受了。

　　而那個人力車夫覺得有 10 元總比沒有 10 元好，外國客人已經讓步了，總算挽回點面子，也同意了。這樣，終於把這個問題完美解決了。

　　酒店的這位大堂經理抓住了問題的關鍵點，對症下藥，問題自然也就迎刃而解了，在工作中要多想想，不管是多麼大的困難，只要努力去想就一定能有解決方法。

　　凡事必有解決的辦法，在工作中，不要怕任何問題和困難，只要我們努力去想辦法，找方法，每一個問題都會有解決的方法。

4

會找方法的人，處處受歡迎

　　成功的秘訣就在於用大腦想方法，用智慧去工作。我們在工作時，不單要用手去做，更要用腦子去想。不管工作有多忙多困難，都要在必要的時候停下來好好想一下，而不要覺得事情就是這樣了，再怎麼努力也沒辦法了。你只有在工作中主動想辦法解決任何困難，堅持不懈，不找任何藉口，才能成為公司中最受歡迎的員工及市場經濟中最受歡迎的人。

　　在以前，大多數工廠裏的工作都是一些體力活，所以只需要員工用手或用腳工作就可以了。然而到了今天，工作性質發

生了巨大的變化，現在企業的發展不僅僅需要傳統的熟練工人，同時更需要能夠適應新形勢，用大腦積極尋找方法去工作的新型員工，他們才是最受歡迎的人。

可以說在競爭無比激烈的今天，企業已經沒有多餘的精力及金錢去僱用一些不愛動腦的人。企業需要的人才，是擁有創意及應變能力的員工，能幫助企業解決問題的員工。

一個企業總經理對他的員工說：「我們的工作，並不是要你去拼體力，是需要你帶著你的大腦來工作。」也這就是說，在當今的經濟條件下，一個好員工應該勤於思考，善於動腦分析問題和解決問題。

然而，在公司裏，有些員工缺乏思考問題的能力，也缺乏解決問題的能力。他們在遇到問題時，不知道去多問幾個「為什麼」，多提幾個「怎麼辦」，而是逃避問題，這樣的員工不僅不受企業的歡迎，而且在職場上也難於生存和發展。

同樣一項工作任務，有的員工可以十分輕鬆地完成，而有的員工還沒有開始就時不時出現這樣或那樣的問題。又如在生產一線，同一個時段裏，同一台設備，生產同樣的產品，讓不同的人來做，產量和品質就不一樣。這除了個人反應能力等先天條件外，關鍵就在於有的人用大腦在工作，想方法去解決問題，他會去考慮如何用有效的方法在最短的時間內生產更多、更好的產品，而有的人僅用雙手在生產。

因為在工作時多動腦筋、勤於思考、善用大腦工作的員工肯定比僅用四肢工作的員工更有工作績效，同時肯定更受企業歡迎。

一家大型電子商務公司的負責人在談到目前市場經濟中最

受歡迎的員工的工作方式時認爲，最受歡迎的工作方式是用大腦工作。因爲，用腦工作的員工會去考慮如何用最低的成本、最少的時間把工作做得更好。

成功的秘訣就在於用大腦想方法，用智慧去工作。我們在工作時，不單要用手去做，更要用腦子去想。不管工作有多忙多困難，都要在必要的時候停下來好好想一下，而不要覺得事情就是這樣了，再怎麼努力也沒辦法了。你只有在工作中主動想辦法解決任何困難，堅持不懈，不找任何藉口，才能成爲公司中最受歡迎的員工。

1952 年，由於受經濟大潮的影響，日本的東芝電器公司積壓了大量的電扇銷售不出去，爲此，公司的有關人員雖然絞盡腦汁想了很多的辦法，但銷量還是不見起色。看到這個情況，公司的一個基層小職員也努力地想著辦法，爲能讓公司的電扇銷售出去，小職員幾乎廢寢忘食。一天小職員看到街道上有很多小孩子拿著許多五顏六色的小風車在玩，頭腦裏突然想到：爲什麼不把風扇的顏色改變一下呢？這樣既受年輕人和小孩子的喜歡，也讓成年人覺得彩色的電扇能爲屋裏增光添彩啊。

想到這裏，小職員急忙跑回公司向總經理提出了建議，公司聽了這個建議後非常重視，特地召開了大會仔細研究並採納了小職員的建議。

第二年夏天，東芝公司隆重推出了一系列的彩色電扇，一改當時市場上一律黑色的面孔，很受人們的喜愛，掀起了搶購狂潮，短時間內就賣出了幾十萬台，公司大量積壓的電扇變成了搶手貨，公司很快擺脫了困境。而這位小職員不但因此獲得了公司 2%的股份，同時也成爲了公司裏最受大家歡迎的職員。

可以說思考是人類特有的能力，我們要學會多思考，學會用腦子去工作。努力工作是一件好事情，但是光努力是不夠的，還要多動腦，多思考，這樣才能真正做出成績，獲得成功。

所以，在工作中若僅僅只按照老闆的吩咐去把任務完成那是遠遠不夠的。任何時候都要做一個用頭腦努力去想辦法、主動尋找方法，把事情做到最好的員工，這樣的人，才是最受歡迎的人！

5

每個困難都有解決方法

在工作和生活中，所謂的「一帆風順」只不過是一句美好的祝願而已，坎坷和崎嶇總是會有一些的。但是我們也絕不能因為怕遇到難題就不敢去做任何事情，就阻礙了我們前進的步伐。因為我們相信，困難再多，總能找到解決它們的辦法，一千個困難必會有一千零一個解決的方法，方法總會比困難多！

詹妮芙‧派克小姐是美國鼎鼎大名的女律師。然而她曾經被自己的同行——一位老資格的律師馬格雷先生愚弄過一次，而恰恰是因為這次愚弄使得詹妮芙小姐名揚全美國。

事情是這樣的：

一位名叫莎麗的小姐被美國一家著名汽車公司製造的一輛

卡車撞倒，儘管當時司機踩了剎車，但不知怎麼回事，卡車卻把莎麗小姐捲入車下，導致莎麗小姐被迫截去了四肢，骨盆也被碾碎。但是在員警調查此案時，莎麗小姐卻說不清楚到底是自己在冰上滑倒掉入車下的，還是被卡車捲入車下的，因為當時她自己也不是很清醒。而馬格雷先生則巧妙地利用了各種證據，推翻了當時幾名目擊者的證詞，使得莎麗小姐因此敗訴。

最後，絕望的莎麗小姐向詹妮芙‧派克小姐求援，而詹妮芙則通過調查掌握了該汽車公司的產品近 5 年來的 15 次車禍——原因完全相同，最後她終於弄清楚其中的真正原因，原來該汽車的制動系統有問題，急剎車時，車子後部會打轉，把受害者捲入車底。

於是詹妮芙對馬格雷說：「卡車制動裝置有問題，你隱瞞了它。我希望汽車公司拿出 200 萬美元來給那位可憐的姑娘，否則，我們將會提出控告。」

而老奸巨猾的馬格雷回答道：「好吧，不過，我明天要去倫敦，一個星期後回來，屆時我們研究一下，再做出適當的安排。」然而一個星期後，馬格雷卻沒有露面。這時詹妮芙仿佛感到自己是上當了，但又不知道為什麼上當，而當她的目光掃到了日曆上時——詹妮芙恍然大悟，原來訴訟時效已經到期了。

詹妮芙怒衝衝地給馬格雷打了電話，馬格雷在電話中得意洋洋地放聲大笑：「小姐，訴訟時效今天過期了，誰也不能控告我了！希望你下一次變得聰明些！」

詹妮芙幾乎要給氣瘋了，她問秘書：「準備好這份案卷要多少時間？」

秘書回答：「需要三四個小時。現在是下午一點鐘，即使我

們用最快的速度草擬好文件，再找到一家律師事務所，由他們草擬出一份新文件，交到法院，那也來不及了。」

「時間！時間！該死的時間！」詹妮小姐在屋中團團轉，突然，一道靈光在她的腦海中閃現，這家汽車公司在美國各地都有分公司，我們為什麼不把起訴地點往西移呢？因為隔一個時區就差一個小時啊！

而位於太平洋上的夏威夷在西十區，與紐約時差整整 5 個小時！對，就改在夏威夷起訴！

就這樣詹妮芙贏得了至關重要的幾個小時，最後她以雄辯的事實，催人淚下的語言，使陪審團的男女成員們大為感動。陪審團一致裁決：莎麗小姐勝訴，汽車公司賠償莎麗小姐各種費用總計 500 萬美元！

這個故事告訴我們：儘管尋找解決問題的方法很困難，但是只要我們積極努力地去想辦法，方法總是會有的。同樣，工作中也是這樣，遇到困難，只要我們去積極思考，總會有方法解決它們。所以當我們遇到了難題時，首先就應該堅定這樣的信念：方法總比困難要多！

比爾‧蓋茨曾說：「一個出色的員工，應該懂得：要想讓客戶再度選擇你的商品，就應該去尋找一個讓客戶再度接受你的理由，任何產品遇到了你善於思索的大腦，都肯定能有辦法讓它和微軟的 Windows 一樣行銷天下的。」

洛克菲勒也曾經一再地告誡他的職員：「請你們不要忘了思索，就像不要忘了吃飯一樣。」

所以只要努力去找，解決困難的方法總是有的，同時也只有努力地去找方法解決困難，你才有可能成功，也才會有意想

不到的驚喜。

6

比別人更努力

　　也許在我們的印象中，有天賦的人總能創造出奇蹟來。但是，那些奇蹟僅僅是只靠天賦的嗎？

　　毫無疑問，比爾‧蓋茨是這個時代最聰明的人之一：抓住了資訊時代發展的潮流，選擇軟體行業進行創業，而且擅長與資本市場結合，凡此種種，都說明他是一個智力超群的人。

　　然而，他是一直就這樣聰明的嗎？或者換一種問法，他是怎樣變得這麼聰明的呢？

　　一位微軟的高級管理者曾經透露了一些比爾‧蓋茨年輕時的故事：在比爾‧蓋茨讀中學時，有一次，老師佈置寫一篇作文，規定要寫 5 頁，比爾‧蓋茨竟然寫了 30 多頁。還有一次，老師讓同學們寫一篇不超過 20 頁的故事，比爾‧蓋茨竟洋洋灑灑寫了 100 多頁，讓老師和同學們目瞪口呆。

　　原來，天賦如此高的人，為了追求成功，也下過這樣的「苦功夫」。

　　著名作家胡適說：「聰明人更要下苦功夫。」

　　為何需要下苦功夫呢？天賦高的人，假如不努力開發，天

賦也有可能被埋沒。在這個世界上，應該說中等智力的人佔大多數。所以當我們的天賦不高時，不加倍下「苦功夫」能行嗎？

　　你要創造一般的成功，就得付出一般的努力；你要成為傑出的人才，你就得比別人多付出幾倍的努力。

　　我們不妨再來看另外一個美國傳奇人物——健美冠軍、著名演員後來又競選州長成功的阿諾‧施瓦辛格的故事。

　　阿諾‧施瓦辛格，從一個瘦個子一舉成為全世界最著名的健美明星，榮獲 3 屆環球先生與 7 屆奧林匹克先生稱號，後來又成為銀幕上的大牌明星。而其根本原因之一，就在於他付出了比平常人更多的代價。

　　在他的書中他是這樣闡述了他那並不神秘的「成功秘訣」：要肌肉增長，你必須有無窮的意志力，你必須挨得痛，你不能可憐自己，稍痛即止；你要跨越痛苦，甚至愛上痛苦，甘之如飴，人家做 10 下的動作，你要加倍，做足 20 下。還有，你要用不同的方法，從不同的角度震驚你的每一組肌肉，令它沒有辦法不強壯，沒有辦法不結實。不要鬆懈、不要懶，沒有堅強的意志，你是不會成功的。

　　1975 年，阿諾宣佈退休，不再比賽。5 年後，有製片人邀請他主演一部耗資數千萬美元的「霸王神劍」。而當時的他，由於已退出比賽，身材只有 5 年前的 2/3，為了恢復最佳狀態，阿諾決定參加當年的奧林匹克先生競賽。

　　這一決定震驚了整個健身界，按常理，要成功是絕對不可能的，何況，此時距比賽只有數月。但是他再次以超人的意志，全身心投入訓練，日以繼夜，用無比的毅力和鬥志，將肌肉「逼」了出來，在比賽中再次以最佳的狀態勝出。通過這次奧林匹克

競賽的成功，他創造了７摘桂冠的前無古人的紀錄。

所以，別抱怨不公平，或許是自己做得還不夠！

其實有一些人不是不願意為自己的理想付出努力，但是，卻總希望只付出一點努力就成功。

有一位畫家去拜訪世界著名畫家門采爾，一見面就訴苦說：「我只用一天畫了一幅畫，賣掉它卻花了我整整一年的時間。」

門采爾認真地說：「朋友，你不妨倒過來試試。用一年時間去畫一幅畫，那麼一天的時間，你肯定能賣掉它。」

齊拉格說得好：「只有失敗者希望馬上成功。因為最佳行為者懂得，成功是通過從部分成功中吸取經驗而一步步取得的。因此，任何事情在做好之前都要努力去做。」

所以我們的信心應該是：只要我付出和別人一樣的努力，我也一定行。而如果我付出了比別人更大的努力，我就更行！

7

少問 Why？多問 How？

人生中遭遇的問題，往往不像小時候為了考試而背的書，有唯一標準答案。更多時候，答案取決於你問問題的方法、切入點或態度，而非問題本身。舉例來說，有兩個資深業務，過去業績都很不錯，但是最近卻連續三個月業績達不到最低標準。這時，業務主管要求兩位業務提出一份報告，請他們針對業績下滑做出說明。於是，兩個業務都開始思考，關於「業績下滑」這件事情。

1.失敗既定論，歸咎於結果

業務員 A 從「why？」的角度出發，不斷的思考，想找出自己的業績「為什麼」會下滑？經過幾天的翻開報紙、財經雜誌、商管專書，甚至做了一些實際訪談後，業務員 A 找到答案了，然而，答案卻讓他很失望。

原來，是自己所負責銷售之產品，市場過度供給，新產品日新月異的推出，消費者選項變多了，自然排擠到自己銷售的產品。其次，大環境不景氣，人民所得停滯，再加上通貨膨脹，各種原物料生活所需之產品紛紛漲價。

業務員 A 認為自己賣的產品並非民生必需品，消費者在縮

減開支以因應不景氣的同時,自然減少購買自己所銷售的產品。

業務員 A 垂頭喪氣的向業務主管回覆他悲觀的研究結果,「都是不景氣害得我們的產品賣不出去」,今後銷售業績只會持續下滑,無法提振了!

2.失敗未定論,逆向找方法

至於業務員 B,則從「How」的角度切入思考,想找出提升疲軟不振的業績的辦法。同樣經過幾天的翻閱報紙、財經雜誌、商管專書,甚至做了一些實際訪談後,業務員 B 找到解決問題的答案。

原來,由於市場推陳出新,同質性產品日新月異,競爭對手的產品比自己所銷售得更好且更便宜,難怪自己的產品賣不出去。再者,由於大環境長期不景氣,國民所得停滯,消費者改變購物習慣,錢非得花在刀口上,不再像過去那樣,喜歡就買。

業務員 B 認為,想要改善銷售業績,治本之道就是重新包裝自家產品,提出符合當前環境消費者心態的行銷說法,他建議改善產品包裝,縮小產品規格,對產品進行改造升級,使產品感覺更加精緻化,專攻上層消費市場。

另外,將既有產品份量增加三倍,但只提高兩倍售價,讓消費者感覺自己的產品便宜又大碗,專攻中下層(追求物超所值,買得划算)的消費者。

業務員 B 認為,自己從觀察市場趨勢後所找到的改革之道,肯定能夠一舉提振業績,便開心的向主管提報自己的研究成果。

最後,一如業務員 B 預期的,產品經過重新設計包裝與功

能改良後，順利打入高價市場，而原先的產品則調整份量與售價，順利打進中下階層市場，業務員 B 不但順利拉抬業績，而且還一舉突破新高。

3.不景氣不是結果，務實變革才是成功之道

「不景氣」議題在臺灣談了七八年。然而，在同樣的產業裏，同樣是不景氣，有的商家或業主大賺其錢，有的則是屢屢虧損，可見「不景氣」並非影響業績好壞的唯一因素，而是其他因素影響所致。

能夠在一片不景氣之中，殺出重圍，搶下亮麗業績的業主，全都是務實思考「如何」因應不景氣，提出新產品或服務以滿足不景氣時代消費者的用心人士。舉例來說，像日本在泡沫經濟後、南韓在東南亞金風暴中，也都是務實思考如何度過不景氣，最後找出新的經濟模式，終歸闖出一番事業。

相反的，受不景氣打擊因而業績遲遲無法提振之業主，多半只會問「爲什麼」不景氣？不景氣何時才會過去？卻不曾想根據環境變化，提出變革之道，固守舊有經營模式，於是逐漸僵化，業績直直跌落。

有句俗話說：「我們不能決定事情的發生，但可以決定面對事情的態度。」在這不景氣年代，面對我們的工作、業績、事業，多思考能夠解決問題的「辦法（How）」比老是抱怨「爲什麼（why）」要來得實際且有幫助。

8

要在困境中找到方法

　　每個人都會在生活和工作中遇到這樣那樣的困難，只有在困境中保持鎮靜，才能贏得尋找方法的機會。

　　故事發生在印度。一對英國殖民地官員夫婦在家中舉辦了一次豐盛的宴會。地點設在他們寬敞的餐廳裏，那兒鋪著明亮的大理石地板，房頂吊著不加任何修飾的椽子，出口處是一扇通向走廊的玻璃門。客人中有當地的陸軍軍官、政府官員及其夫人，另外還有一名美國自然學家。

　　午餐中，一位年輕女士同一位上校進行了熱烈的討論。這位女士的觀點是如今的婦女已經有所進步，不再像以前那樣，一見到老鼠就從椅子上跳起來。可上校卻認為婦女們沒有什麼改變，他說：「不論碰到什麼危險，婦女們總是一聲尖叫，然後驚慌失措。而男士們碰到相同情形時，雖也有類似的感覺，但他們卻多了一點勇氣，能夠適時地控制自己，冷靜對待。可見，男士的勇氣是最重要的。」

　　那位美國學者沒有加入這次辯論，他默默地坐在一旁，仔細觀察著在座的每一位。這時，他發現女主人露出奇怪的表情，兩眼直視前方，顯得十分緊張。很快，她招手叫來身後的一位

男僕，對其一番耳語。僕人的雙眼驚恐萬分，他很快離開了房間。

除了美國學者，沒有其他客人注意到這一細節，當然也就沒有其他人看到那位僕人把一碗牛奶放在門外的走廊上。

美國學者突然一驚。在印度，地上放一碗牛奶只代表一個意思，即引誘一條蛇。這也就是說，這間房子裏肯定有一條毒蛇。他首先抬頭看屋頂，那裏是毒蛇經常出沒的地方，可現在那兒光禿禿的，什麼也沒有；再看飯廳的 4 個角，前三個角落都空空如也，第四個角落也站滿了僕人，正忙著端菜；現在只剩下最後一個地方他還沒看，那就是坐滿客人的餐桌下面。

美國學者的第一反應便是向後跳出去，同時警告其他人。但他轉念一想，這樣肯定會驚動桌下的毒蛇，而受驚的毒蛇最容易咬人。於是他一動不動，迅速地向大家說了一段話，語氣十分嚴肅，以至於大家都安靜下來。

「我想試一試在座諸位的控制力有多大。我從 1 數到 300，這會花去 5 分鐘，這段時間裏，誰都不能動一下，否則就罰他 50 個盧比。預備，開始！」

美國學者不急不緩地數著數，餐桌上的 20 個人，全都像雕像似的一動不動。當數到 288 時，學者終於看見一條眼鏡蛇向門外有牛奶的地方爬去。他飛快地跑過去，把通向走廊的門一下子關上。蛇被關在了外面，室內立即發出一片尖叫。

「上校，事實證明了你的觀點。」男主人這時歎道，「正是一個男人，剛才給我們做出了從容鎮定的榜樣。」

「且慢！」美國學者說，然後轉身朝向女主人：「女士，你是怎麼發現屋裏有條蛇的呢？」

女主人臉上露出一抹淺淺的微笑:「因為它從我的腳背上爬了過去。」

不敢想像,如果女主人和美國學者不能鎮靜地面對突如其來的危機,會出現什麼樣的後果。鎮靜,是一種良好的心理機制,為找到方法解決困難贏得了主動,每位職場中的人都應該練就這種處變不驚的智慧。

9

主動找方法,會讓你脫穎而出

日常工作中常常有這樣兩種人:一種是碰見困難避而遠之的人;另一種則是迎難而上,主動去尋求方法的人。可以說主動去尋找方法解決問題的人,是職場中的稀有資源,更是經濟社會的珍寶。

不管是在古代還是現代,不管是在國內還是國外,主動尋求方法解決問題的人都會像金子一樣光芒四射。那怕他沒有刻意去追求機會,機會也會主動找上門來。

福特汽車公司是美國創立最早、最大的汽車公司之一。1956年,該公司推出了一款新車。儘管這款汽車式樣、功能都很好,價錢也不貴,但奇怪的是,竟然銷路平平,和當初設想的情況完全相反。

公司的管理人員急得就像熱鍋上的螞蟻，但絞盡腦汁也找不到讓產品暢銷的方法。這時，在福特汽車公司裏，有一位剛剛畢業的大學生，卻對這個問題產生了濃厚的興趣，他就是艾柯卡。

當時艾柯卡是福特汽車公司的一位見習工程師，本來與汽車的銷售毫無關係。但是，公司老總因為這款新車滯銷而著急的神情，卻深深地印在他的腦海裏。

他開始不停地琢磨：我能不能想辦法讓這款汽車暢銷起來呢？終於有一天，他靈光一閃，於是徑直來到總經理辦公室，向總經理提出了一個自己想出的方法，他提出：「我們應該在報上登廣告，內容為：花 56 元買一輛 56 型福特。」

而這個創意的具體做法是：誰想買一輛 1956 年生產的福特汽車，只需先付 20%的貨款，餘下部分可按每月付 56 美元的辦法逐步付清。

他的建議得到了採納。結果，這一辦法十分靈驗，「花 56元買一輛 56 型福特」的廣告引起了人們極大的興趣。

因為「花 56 元買一輛 56 型福特」的這種宣傳，不但打消了很多人對車價的顧慮，還給人留下了「每個月才花 56 元就可以買輛車，實在是太合算了」的印象。

奇蹟就在這樣一句簡單的廣告詞中產生了：短短的 3 個月，該款汽車在費城地區的銷售量，從原來的末位一躍成為冠軍。

而這位年輕的工程師也很快受到了公司賞識，總部將他調到華盛頓，並委任他為地區經理。

後來，艾柯卡不斷地根據公司的發展趨勢，推出了一系列

富有創意的方法，最終脫穎而出，坐上了福特公司總裁的寶座。

從艾柯卡身上我們能夠看出：在工作中主動去想辦法解決問題的人最容易脫穎而出！也最容易得到公司的認可！

在美國，年輕的鐵路郵務生佛爾，曾經和許多其他的郵務生一樣，都用陳舊的方法分發信件，而這樣做的結果，往往使許多信件被耽誤幾天或更長的時間。

佛爾卻不滿意這種現狀，而是去想盡辦法改變。很快，他發明了一種把信件集合寄遞的方法，極大地提高了信件的投遞速度。

佛爾升遷了，5 年後，他成了郵務局幫辦，接著當上了總辦，最後升任為美國電話電報公司的總經理。

是的，當誰都認為工作只需要按部就班做下去的時候，偏偏有一些人，會去主動尋找更好更有效的方法，將問題解決得更好！同時也正因為他們善於主動地去尋找方法，所以他們也常常最容易得到認可，最容易獲得成功！

我們再來看一個更精彩的故事：

1793 年，守衛土倫城的法國軍隊叛亂。叛軍在英國軍隊的援助下，將土倫城護衛得像銅牆鐵壁。土倫城四面環水，且有三面是深水區。英國大軍艦就在水面上巡弋著，只要前來攻城的法軍一靠近，就猛烈開火。法軍的軍艦遠遠不如英軍的軍艦，根本無計可施，法軍指揮官急得團團轉。以至前來平息這次叛亂的法國軍隊怎麼也攻不下。

就在這時，在平息叛亂的隊伍中，一位年僅 24 歲的炮兵上尉靈機一動，當即用筆寫下一張紙條，交給指揮官：「將軍閣下：請急調 100 艘木艦，只要裝上陸戰用的火炮代替艦炮，攔腰轟

擊英國軍艦，就能改變情勢了！」

　　指揮官一看，連連稱妙，趕快照辦。

　　果然，這種「新式武器」一調來，英國艦艇無法阻擋。僅僅兩天時間，原來把土倫城護衛得嚴嚴實實的英軍艦艇被轟得七零八落，不得不狼狽逃走。叛軍見狀，很快也繳械投降。

　　經歷這一事件後，這位年輕的上尉被提升為炮兵準將。

　　你知道這位上尉是誰嗎？他就是後來威震世界的軍事天才拿破崙！

　　像很多成功的人一樣，可以說拿破崙的成功，就在於他遇到問題時，主動去想辦法，抓住解決問題的關鍵，最終走上了人生巔峰！

　　而正是有了這樣的新起點，才會有更大的舞臺，才能吸引更多的人向自己看齊，才有更多的資源向自己彙集，才能邁向更大的成功。

10

會解決問題的優秀員工

- -

公司的發展不可能會是一帆風順的，總會遇到這樣或那樣的困難。然而當遇到困難時總是找藉口應付了事的員工，在企業裏肯定是最不受歡迎的員工；而遇到困難總是去找方法解決的員工，一定是企業裏優秀的員工，同時也是企業最需要的人。

A、B、C 三個人一起供職於一家公司。雖然公司的產品不錯，銷路也不錯，但由於公司經營出了一些問題，產品銷出去後，總是無法及時收回貨款。

公司有一位大客戶，半年前就買了公司 10 萬元產品，但總是以各種理由遲遲不肯支付貨款。

公司決定派 A 業務員去討賬。那位大客戶沒有給 A 業務員好臉色，他說那些產品在他們這個地方銷得一般，讓 A 過一段時間再來。

A 知道這位大客戶不好惹，心想他欠的又不是我的錢，跟我沒什麼關係，於是便返回了公司。

A 業務員無功而返，公司只得派 B 業務員去要賬。

B 找到那位客戶，那位客戶的態度依然很無賴，他說他這段時間資金週轉也很困難，讓 B 體諒他的難處，他還找藉口說

等他的資金到位了一定還錢。業務員 B 也無功而返。

　　沒辦法，公司只得派 C 業務員去討賬。

　　C 剛跟那位客戶見面，就被客戶指桑罵槐地教訓了一頓，說公司三番兩次派人來逼賬，擺明瞭就是不相信他，這樣的話以後就沒法合作了。C 並沒有被客戶的軟捏硬逼嚇退，他見招拆招，想盡了辦法與那位客戶週旋。那位客戶自知磨不過業務員 C，最後，只得同意給錢，他開了一張 10 萬元的現金支票給 C。

　　C 業務員很開心地拿著支票到銀行取錢，結果卻被告知賬上只有 99920 元。很明顯，對方又耍了個花招，那位客戶給的是一張無法兌現的支票。第二天就是放春節假的日子了，如果不及時拿到錢，不知又要拖延多久。

　　遇到這種情況，一般人可能一籌莫展了。但是丙業務員依然沒有退縮，他突然靈機一動，自己拿出 100 元錢，把錢存到客戶公司的帳戶裏去。這樣一來，帳戶裏就有了 10 萬元。他立即將支票兌了現。

　　當 C 業務員帶著這 10 萬元貨款回到公司時，公司的董事長對他刮目相看，非常欣賞他。並讓公司其他的員工都向他學習，後來公司發展得很快，他自己也很努力，在不到五年的時間裏，他就當上了公司的副總經理，後來又當上了總經理。而當初曾討過賬的 A 和 B 依然還是公司裏最普通的業務員。

　　可以想像，要是 C 也像 A 和 B 那樣遇到問題不努力去想辦法解決，而是隨便找個藉口就回來了，那他絕對不可能討回貨款，更不可能有後來那樣高的成就。

　　所以，我們在遇到困難的時候，一定要記得這句話：只爲

成功找方法，不為失敗找藉口。用這句話來警示自己，世界上沒有解決不了的困難，只要積極去想方法，一定能解決任何困難，也只有積極找方法的人，才能為公司做出更大的貢獻，才能得到更大的成功。

1931 年，波蘭著名音樂家蕭邦，由於不堪忍受亡國之痛，來到了巴黎。來到巴黎後，他結識了李斯特、柏遼茲、孟德爾松等音樂家。李斯特對蕭邦的音樂才華十分賞識，兩人一見如故。為了使蕭邦在巴黎成名，為了能使巴黎的廣大觀眾接受蕭邦，他和蕭邦想出了一個無比絕妙的方法。

當時，歐洲的音樂會演奏時，是不亮燈的。在一次晚間演出時，剛開場是巴黎人熟悉和崇拜的李斯特端坐在鋼琴前。然而待到台下的燈光熄滅以後，李斯特悄悄地走進了後臺，由蕭邦代替他進行演奏。在寂靜的夜幕裏，恍如行雲流水般的琴聲，充滿了詩情畫意，使得全場的聽眾如癡如醉，演奏一結束，掌聲雷動。這時舞臺上燈光突然亮了，然而當觀眾見到站立在鋼琴旁邊的人卻不是李斯特時，頓時大為驚愕。這時，李斯特走到了台前，把蕭邦向觀眾作了介紹。就這樣，由於李斯特的巧妙安排，蕭邦從此名噪巴黎。

11

找藉口是一種壞習慣

日本松下公司的標語牌寫有這樣一段話：

「如果你有智慧，請你貢獻智慧；

如果你沒有智慧，請你貢獻汗水；

如果你兩樣都不貢獻，請你離開公司。」

一流的員工既敬業又找方法；末流員工只知道找藉口。工作中的每個人都應該發揮自己最大的潛能，努力地去尋找更有效的方法而不是浪費時間尋找藉口。因為不管是失敗了，還是做錯了，再美妙的藉口對於事物本身也是沒有任何用處的。

如果你想獲得最大程度的發展，毫無疑問，你就應該去做既敬業又找方法的員工，這樣，才能讓你從平凡走向卓越。

有一位剛畢業的小夥子，因為學校是名牌，學的是新聞專業，形象也很不錯，被一家很知名的報社錄用了。但是，他有一個很不好的毛病，就是做事情不認真，遇到任何困難總是找藉口推卸自己的責任。剛開始上班同事們對他的印象還很不錯，但是沒過多久，他的毛病就暴露出來了，上班經常遲到，和同事一同出去採訪時也經常丟三落四。對此，辦公室主管也找他談了好幾回，但是，他總是以這樣或那樣的藉口來搪塞。

一天，報社特別忙，突然有位熱心讀者打電話過來說在一個地方有特大新聞發生，請報社派記者前去採訪，但是報社別的記者都出去了，只有他在，沒辦法，辦公室主管只有派他獨自前往採訪。沒多久他就回來了，問他採訪的情況怎麼樣？他卻說：「路上太堵了，等我趕到時事情都快結束了，並且已經有別的新聞單位在採訪了，我看也沒什麼重要新聞價值了，所以就回來了。」

主管很是生氣地說：「交通是很堵塞，但是你不知道想別的辦法嗎？那為什麼別的記者能趕到呢？」

小夥子急得紅著臉爭辯道：「路上交通真的是很堵嘛，再說我對那裏又不是特別熟悉，身上還背著這麼多的採訪器材……」

主管一聽，心裏更有氣了，心想：我要你去採訪，你不但沒完成任務，還有這麼多的藉口，那以後怎麼讓你工作。於是說道：「既然這樣，那你另謀高就好了，我不想看到公司員工不但沒有完成公司交給他的任務，反過來卻還有滿嘴的藉口和理由，尤其是我們新聞工作者，我們需要的是能夠接到任務後，不管任務有多麼艱巨，都能夠想方設法把任務完成，並且還比別人做得更好的人。」

就這樣，他失去了令許多人羨慕不已的好工作。

在我們的生活與工作中，像這位小夥子遇到問題不是想辦法解決，而是四處找藉口來推脫的人並不少見，但是他們這樣做所帶來的結果就是不僅損害了公司的利益，也阻礙了自己的發展。

找藉口是一種很不好的習慣。出現問題不是積極、主動地想辦法加以解決，而是千方百計地找藉口，你的工作就會拖遝，

沒有效率，藉口變成了一塊擋箭牌。事情一旦辦砸了，就去找一大堆看似合理的藉口，以博得他人的諒解和同情。也許藉口能把你的過失掩蓋掉，讓自己得到心理上的安慰和平衡，但是長此以往，就會讓你總是依賴藉口，不再努力，不再去想方設法爭取成功。這樣，最終淪為最末流的員工，甚至被淘汰。

12

尋找藉口讓你更加平庸

　　找藉口進行解釋實際上是通向失敗的前奏。尋找藉口只能造就千千萬萬平庸的企業和千千萬萬平庸的員工。面對失敗，是選擇責任，還是選擇藉口呢？選擇責任，你的路是向前的，責任會鞭策著你走得更遠。選擇藉口，你的路是後退的，藉口會牽引你原地踏步甚至後退。而你所要做的，你所想要得到的，正需要你永遠向前邁進。

　　我們每個人的天性中都存在一顆「黑暗的種子」，那就是好逸惡勞，推卸責任。遇到情況時，人們往往會出於本能把好的事情往自己身上攬，把壞的事情往別人身上推。如果你不對自己這顆「黑暗的種子」嚴防死守的話，那麼，就會很容易陷入找藉口推卸責任的圈子裏去。

　　有一所中學，以對學生嚴格要求而聞名。有一次，校長發

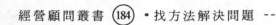

現有一盞電燈白白亮著浪費電，他問一位學生這是怎麼回事。學生順口回答說：「今天不是我值日。」校長狠狠地訓了他一頓。在這個校長看來，這個學生首先要做的是馬上關掉電燈，並且說：「對不起，校長！我沒有注意到，是我的錯，我馬上改正。」

許多人之所以平庸一生，其原因就在於他們萬事皆找藉口。學習不好，說父母遺傳了一個笨蛋；高考落榜，說發揮不正常；找不到好工作，說自己沒後臺；工作不順利，說現在經濟大潮不好……反正所有的失敗都有藉口。於是，他們便在一個個藉口中開始沉淪，得到解脫，但這樣只能讓他們更加平庸！

解釋，一個看似合理的行為，其實在它的背後隱藏的卻是人天性中的逃避和不負責任。在事實面前，沒有任何理由可以被允許用於掩飾自己的失誤，而尋找藉口唯一的好處就是把自己的過失精心掩蓋，把自己應該承擔的責任轉嫁給他人或者公司。所以，只有勇敢地接受並想方設法地去完成任何一項任務，才是你力爭成功的不二選擇。

漢朝時期，有一天，漢武帝外出視察，路過宮門口時看到一位頭髮全白的衛兵，穿著很舊的衣服，站在門口十分認真地檢查出入宮門之人。於是，漢武帝就走上前詢問起來。

老人答：「我姓顏名駟，江都人。從文帝起，經歷三朝一直擔任此職。」

漢武帝問：「你為什麼沒有升官機會？」

顏駟答：「漢文帝喜好文學，而我喜好武功；後來漢景帝喜好老成持重的人，而我年輕喜歡活動；如今您做了皇帝，喜歡年輕英俊有為之人，而我又年邁無為了。因此，我雖然經過三朝皇帝，卻一直沒有升官！」

幾十年沒有升職，難道真的就沒有自己的原因嗎？他作官三朝，換了三種用人風格不同的皇帝，都沒有升遷的機會，那就應該在自己身上找找原因了，怎麼能總是怪時運不濟呢？就好比一名公司職員，在三位上司手下工作過，卻都不能得到賞識，能說全是上司的責任嗎？

在工作中，面對沒有完成的銷售任務，面對沒有做完的公司報表，很多人用時間不夠、不熟悉程序、他人不肯合作等來作出一個看似合理的解釋。粗看起來，好像很有道理，值得我們原諒。其實不然，因為這種解釋不過是這些人從潛意識裏給自己的工作失誤尋找藉口，而將自己的過失推脫掉罷了。這恰恰也是高效合作的工作團隊中所不能夠容忍的。如果允許這樣情況的存在，便是對團隊的不負責，是對整個公司的摧殘。因為，一群總是企圖解釋和尋找藉口的員工只能帶來低下的效率與失敗的命運。

兩個很優秀的年輕人畢業後一起進入大榮公司，不久被同時派遣到一家大型連鎖店做一線銷售員。一天，這家店在清核賬目的時候發現所交納的營業稅比以前出奇地多了好多，仔細檢查後發現，原來是兩個年輕人負責的店面將營業額多打了一個零！於是經理把他們叫進了辦公室，當經理問到他們具體情況時，兩人彼此面面相覷，但帳單就在眼前，一切都是確鑿的。在一陣沉默之後，兩個年輕人分別開口了，其中一個解釋說自己剛開始上崗，所以很有些緊張，再加上對公司的財務制度還不是很熟，所以……而在這時，另一個年輕人卻沒有多說什麼，他只是對經理說，這的確是他們的過失，他願意用兩個月的獎金來補償，同時他保證以後再也不會犯同樣的錯誤。走出經理

室，開始說話的那個員工對後者說：「你也太傻了吧，兩個月的獎金，那豈不是白乾了？這種事情咱們新手隨便找個藉口就推脫過去了。」後者卻僅僅是笑了笑，什麼都沒說。但從這以後，公司裏出現了好幾次培訓學習的機會，然而每次都是那個勇於承擔的年輕人能夠獲得這樣的機會。另一個年輕人坐不住了，他跑去質問經理為什麼這麼不公平。經理沒有對他做過多的解釋，只是對他說：「一個事後不願承擔責任的人，是不值得團隊去信任與培養的。」

一個真正的成功者，一個真正優秀的員工拒絕尋找任何解釋與藉口。美國歷史上劃時代的傑出總統佛蘭克林•羅斯福打破美國傳統，連任了4屆總統職務，然而，他壯年時身患小兒麻痹症，下身癱瘓。他很有理由尋找藉口去放棄、去依賴，然而他沒有，他以自己的信心、勇氣及全部的努力向一切困難挑戰，最終成為一個真正的強者，成為自己的主人，主宰了自己的靈魂和命運。

拒絕解釋，拒絕藉口！讓自己逐步變得強大起來吧！

13

只要有方法，世界奧運會由你主辦

其實工作不在於你怎麼做，而在於你想怎麼做。一個善於和勤於思考的人，總是能找到完成工作的最好的辦法。這樣的人，必將成為生活的強者和企業的重要力量。

現代心理學的研究表明，在困難面前積極想辦法的態度會激發我們的潛在智慧。因此，一些成功的企業家在遇到困難的時候，非常注意營造一種動腦筋、想辦法的氣氛，他們相信天無絕人之路，而無路可走的人總是那些不下工夫找路的人。

「確實是沒辦法！」

「真的是一點辦法也沒有！」

我想這樣的話，你肯定是十分熟悉，在你的週圍，肯定會經常聽到這樣的聲音。

其實，如果當你向別人提出某種要求時，要是別人也這樣回答，你肯定會覺得非常失望！

同樣，如果你的上級給你下達某個任務，或者你的同事、顧客向你提出某個要求時，你這樣回答，我想你同樣能夠體會到別人對你的失望！

也許一句「沒辦法」，我們好像就已經為自己找到了不做的

最好理由。然而也正是一句「沒辦法」，讓我們澆滅了很多創造之花，從而阻礙了我們前進的步伐！

是真的沒辦法嗎？還是我們根本沒有去好好地動腦筋想方法呢？

在 1984 年以前，敢於申辦奧運會的國家沒有幾個。爲什麼呢？主要是因爲在相當長的一段時期內，舉辦奧運都是會賠錢的。

但是，1984 年的美國洛杉磯奧運會卻是一個轉捩點，因爲這次的奧運會，美國政府不但沒虧一分錢，反而贏利 2 億多美元，可以說是創下了一個歷史的奇蹟。而創造這一奇蹟的人，名叫尤伯羅斯，他是一個商人。

在奧運活動中，尤伯羅斯將其與企業和社會的關係做了通盤的考慮，想出了很多讓奧運會賺錢的方法。而其中突出的方法就是將奧運會實況電視轉播權進行拍賣，可以說在當時這是開歷史之先河。

剛開始時，工作人員提出一個在當時已是個天文數字的最高拍賣價──1.52 億美元，但卻仍然遭到了尤伯羅斯的否定，他覺得這個數字太保守了。

因爲他已經敏感地覺察到了人們對奧運會的興趣正在不斷高漲，奧運會已經是全球關注的熱點。假如採取直播權拍賣的方式，勢必將會引起各大電視臺之間的競爭，那價錢肯定會不斷抬高。果然不出他所料，後來單電視轉播權一項就爲他籌集了 2 億多美元資金。

以往的奧運會萬里長跑接力，都是由有名的人士擔任，但尤伯羅斯卻一改這種做法，表示誰都可以跑，只要身體夠棒，

另外出錢就可，他規定每 1 公里按 3000 美元收費。

　　這真是一個破天荒的想法，沒想到消息一公佈，報名的人竟然蜂擁而至。1.5 萬公里的路，總共收到了 4500 萬美元！

　　可以說這次奧運會給尤伯羅斯帶來了空前的聲譽。然而回首成功，他非常感慨地說：「世上的任何事情，只要你去想辦法就會有突破點，就一定會有解決的方法。」

　　是的，想辦法就一定會有好方法！假如畏難，又怎麼可能創造出這樣輝煌的業績呢？

　　法國數學家、哲學家彭加勒曾經說過：「所謂出人意料的靈感，只有經過了些日子，通過有意識的努力後才產生。沒有努力，機器不會開動，也不會產生出任何東西來。」

　　我們平時喜歡講一句話：「眉頭一皺，計上心來。」其實也是因爲有豐富的知識與經驗的積澱才實現的。

　　在職場上，要想成爲一名出色的職員，在對待工作中的問題時，就要盡一切可能去尋找各式各樣的解決方法。

14

先問自己是否竭盡全力

俗話說:「世上無難事,只怕有心人。」在這裏我們所說的「有心人」其實就是指做事情盡自己最大努力,發揮自己的全部潛力把事情做成做好的人。只要我們學會想盡一切辦法、用盡一切可能去努力,那世界上就沒有「天大的問題」,僅有不夠努力造成的失敗和遺憾。

士光敏夫是日本經濟界赫赫有名的人物。當年他在重整東芝公司時,曾經遇到了資金嚴重不足的困難。當時正是戰後,要籌到資金非常不容易。一天他去了一家最有希望能夠貸到款的銀行向他們申請貸款,但是主管貸款的部長對他十分冷淡。後來經過他的不斷努力,雖然部長的態度稍微有所好轉,但對貸款問題卻絕不鬆口。

終於到了最危急的時候——如果在兩天內仍然沒有資金投入,那麼公司將不得不全線停工了。沒有辦法,士光敏夫決定破釜沉舟:「怎麼也得迫使部長就範!」

他讓秘書給他找了一個大包,在街上買兩盒盒飯放在裏面,然後趕到銀行。一見部長,他就開始軟磨硬磨,希望給他貸款。但對方就是不鬆口。

雙方又展開了一場舌戰，不知不覺已接近下午下班的時間了。當營業部的下班鈴聲拉響時，部長如釋重負，提起公事包準備回家吃飯。

然而令部長意想不到的是，士光敏夫像變魔術似的從袋子裏拿出兩盒盒飯，說：「部長先生，我知道你工作辛苦了，但是為了我們能夠長談，我特意把飯準備了。希望你不要嫌棄這寒酸的盒飯。等我們公司好轉後，我們再感謝你這位大恩人。」

面對他這份「無賴勁」，部長真是無可奈何，無話可說。但也正是他表現出的這份堅毅，使部長產生了他有還貸能力的信心，最終批准了他的貸款申請。

其實現實中我們之所以說事情艱難，往往是由於我們並沒有盡到最大努力！我們說自己已經盡力了，實際上我們並沒有把全部潛力發揮出來！所以，面對問題和困難的時候，我們永遠不要先說難，而要先問一問自己：我們是否已經真的竭盡全力了？

的確，「難」也許是我們拒絕努力、說服自己的最好理由。但是，問題真的是那麼難以解決的嗎？

汽車大王亨利．福特，這位被譽為「把美國帶到輪子上的人」，一次，他想製造一種 V8 型的發動機。可是當他把這個想法跟工程師交流時，工程師們都認為只能是一個美好的設想而已，現實中是絕對不可能實現的。然而令工程師想不到的是，儘管他們每個人都這樣認為，但福特卻仍然堅持說：「要想辦法把它製造出來。」

無奈，工程師們只有很不情願地開始了嘗試，幾個月後，他們給福特的回答是：「我們無能為力。」

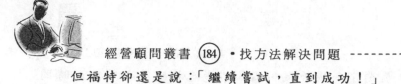

但福特卻還是說：「繼續嘗試，直到成功！」

又一年多過去了，仍然沒有取得多大的進展，這時所有的工程師都覺得無論如何都該放棄了。但福特還是仍然堅持「必須做出來」。

也就在這時，有一位工程師突發靈感，竟然找到了解決辦法。就這樣，福特終於製造出了「絕不可能」成功的 V8 型發動機。

為何工程師們認為「絕不可能」的事情，最後還是有方法解決了呢？

關鍵的一點，就是我們在做任何事情時，一定先要把不可能的思想束縛放一邊。而只是去想我們自己是否真的想盡了一切辦法、窮盡了一切可能！

因為，畏懼使人無法真正冷靜地應對問題，甚至還會導致行動的癱瘓。但是如果你不問問題難不難，而只問自己是否盡了最大努力，這樣你就會輕裝上陣，盡力挖掘自己的潛能，反倒容易將問題解決，創造出難以想像的奇蹟！

曾經是海軍軍官的卡特，有一次應召去見海曼·李科弗將軍。在談話中，將軍讓卡特挑選任何他願意談論的話題。然後，再問卡特一些問題，結果將他問得直冒冷汗。結束談話時，將軍又問他在海軍學校的學習成績怎樣，卡特立即自豪地說：「將軍，在 820 人的一個班中，我名列 59 名。」

沒想到將軍卻皺了皺眉頭，問：「為什麼你不是第一名呢，你到底有沒有竭盡全力？」

此話如當頭棒喝，影響了卡特的一生。此後，他事事竭盡全力，後來當選了美國總統。

　　其實所謂竭盡全力，就是不給自己任何偷懶和敷衍的藉口，讓自己去經受生活最大的考驗。

　　而生活中人之所以無法竭盡全力，往往是因為受到了「我已盡力」假像的迷惑——我已經做到最好了，再也無法往前走一步了。

　　然而，這只不過是一個他們不願意接受挑戰的藉口罷了。

　　稻盛和夫被日本經濟界譽為「經營之聖」。他所創辦的京都陶瓷公司，是日本最著名的公司之一。該公司剛創辦不久，就接到著名的松下電子的顯像管零件的採購訂單。而在當時這筆訂單對於京都陶瓷公司來說意義非同一般。

　　在日本，大家都知道，與松下做生意絕非易事，商界對松下公司甚至有這樣的評價：「松下電子會把你尾巴上的毛拔光。」

　　對待京都陶瓷這樣的新創辦公司，松下電子雖然看中其產品品質好，給了他們供貨的機會，但在價錢上卻一點都不含糊，而且年年都要求降價。

　　對此，讓京都陶瓷的一些人很灰心，因為他們認為：公司已經盡力了，再也沒有空間了。再這樣做下去的話，根本無利可圖，不如乾脆放棄算了。但是，稻盛和夫卻認為：松下這樣做，確實很難解決，但是，如果屈服於困難，就這樣放棄了，那只是給自己未能足夠去挖掘潛力戰勝困難找藉口罷了。

　　於是，經過再三摸索，公司創立了一種名叫「變形蟲經營」的管理方法。其具體做法是將公司分為一個個的「變形蟲」小組，作為最基層的獨立核算單位，將降低成本的責任，落實到每個人。這樣即使是一個負責打包的老太太，也都知道用於打包的繩子原價是多少，明白浪費一根繩會造成多大的損失。這

53

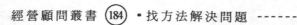

樣一來，公司的運營成本大大降低，最後即便是在滿足松下電子的苛刻條件下，利潤也甚為可觀。

是的，有些問題的確非常頑固，想了許多辦法，仍無法解決。於是有些人便認為已是極限了，覺得再去努力也是白搭。然而，當你真正經過了一番努力奮鬥取得成功後，你就會知道所謂「難」，其實只是你自己的心靈桎梏而已。

所以，我們一定要趕快把自己從「我已盡力」的假像中解放出來，再努一把力，你會發現你還有許多沒有開發出來的潛能！

15

潮濕的火柴無法點燃

只要你擁有對工作的極大熱情，即使你不具備超人的才氣，也會獲得極大的收穫——不論是物質還是精神上。

偉大人物對使命的熱情可以譜寫歷史，而普通員工對工作的熱情則可以改變自己的人生。

可以說熱情是取得成功的源泉，你越主動、越熱情，那成功的機會也就愈大！

如果一個人對工作毫無熱情，那他就會覺得工作辛苦而單調，而一個對工作充滿熱情的人，即使睡眠時間比平時減少一

牛，工作量超出平時的兩倍，也許都不會覺得疲倦。

　　熱情是一種狀態。正如一位著名企業家所說的：只要你擁有對工作的極大熱情，即使你不具備超人的才氣，也會獲得極大的收穫——不論是物質還是精神上。

　　而一旦缺乏了熱情，軍隊就無法克敵制勝；一旦缺乏熱情，人類就無法創造出美妙的樂章，不能用無私崇高的奉獻去打動這個世界；一旦缺乏熱情，即使你的願望再美好、再微小，也很難變爲現實。

　　職場上的員工，如果缺乏熱情，只會到處碰壁，不但找不到實現願望的有效的工作方式，更無法成爲讓企業信任的優秀員工！

　　曾有人請教過美國著名女影星凱薩琳・赫本成功的秘訣，她簡練地答道：「精力充沛。」

　　而愛默生卻說得更直接：「沒有熱情，就別想完成任何偉大的事。」

　　熱情是一種難能可貴的品質。正如拿破崙・希爾所說：「要想獲得這個世界上最大的獎賞，你必須像最偉大的開拓者一樣，將所擁有的夢想轉化成爲實現夢想而獻身的熱情，以此來發展和銷售自己的才能。」歷史上許多巨變和奇蹟，不論是社會、經濟、哲學還是藝術，都因爲參與者全部的熱情才得以進行的。

　　放眼去看許多傑出的演員、藝術家、經理人、推銷員以及各行各業的成功人士，當旁人描述他們的工作與生活態度時，幾乎都會使用幾個共同的形容詞：「熱誠」、「有勁」、「很投入」。難怪許多成就超群的人，總是讓人覺得神采飛揚、魅力十足。

杜魯門總統曾談到他的看法：「我研究過許多偉人和名人的生活，發現凡獲得頂尖成就的人，不分男女，皆有一個共同的特點，就是對自己手頭上的工作，都能投入全部的活力與狂熱。」

偉大人物對使命的熱情可以譜寫歷史，而普通員工對工作的熱情則可以改變自己的人生。當你用全部的熱情去做事，去想解決問題的方法時，你每天都會盡自己所能力求完美，沒有什麼能阻擋你成功，而你週圍的每一個人也會從你這裏感染這種熱情。

有位成功的理財專家曾講過他的親身經歷：有一次，一家理財雜誌社派了一位攝影師到他家中拍照。攝影師一會兒打光，一會兒要求理財專家調整姿勢，幾經擺佈的專家終於不耐煩地抱怨：「我是個大忙人，可沒時間在這裏磨蹭啊！」

可是這位攝影師依然我行我素，完全投入在工作之中，一直到夕陽西下，拍出令他心滿意足的照片才收工。

事後，有朋友問專家：「你為什麼能容忍對方如此地侵佔你的寶貴時間呢？」

他說：「這位攝影師顯然要求很高，除非拍到滿意的鏡頭與角度，否則是不會甘休的，而讓我感受最深刻的，是他那份對工作的執著，我怎麼忍心去打消他那股熱情？」

無論你從事什麼工作，擔任什麼職務，你若每天以冷漠的態度對待你的工作，你的工作就愈顯得困難、累人。畢竟，對一個把工作看成是「無聊的苦差事」的人來說，又怎能指望工作能「順心如意」呢？

有句俗話說得好：「**潮濕的火柴無法點燃。**」

對於一名員工來說，熱情就如同生命。憑藉熱情，我們可

以釋放出潛在的巨大能量，發展出一種堅強的個性；憑藉熱情，我們可以把枯燥乏味的工作變得生動有趣，使自己充滿活力，培養自己對事業的狂熱追求；憑藉熱情，我們可以感染週圍的同事，讓他們理解你、支持你，擁有良好的人際關係；憑藉熱情，我們可以獲得老闆的提拔和重用，贏得珍貴的成長和發展的機會；憑藉熱情，我們可以想出更多戰勝困難的方法，從而獲得成功。

一個沒有熱情的人，不可能始終如一地高品質地完成自己的工作，更不可能做出創造性的業績。如果你失去了熱情，那麼你永遠也不可能在職場中立足和成長，永遠不會擁有成功的事業與充實的人生。所以，從現在開始，不要再計較手中的工作是多麼困難或無味，對它傾注你全部的熱情吧！

16

沒有什麼不可能

　　可以說不同的發問方式，往往決定了問題的不同結果。如果當你一遇到問題就立即發出「怎麼可能」的疑問時，那問題百分之百會就此打住，你在已經被嚇住了，不可能再進一步。但是，假如當你遇到問題時第一步先想到的是「怎樣才能」時，那效果就會完全不一樣。

　　生活中我們之所以說事情「沒有可能」，那僅僅是由於我們把自己捆綁住了，因為無論是生活中還是工作中，沒有什麼絕對不可能的事情。

　　當我們把「怎麼可能」改為「怎樣才能」時，你的奇蹟就出現了，一切難以想像的奇蹟或許就會出現，所有的難題也許一切皆有可能！

　　我們在工作和生活中，遇到問題和困難需要解決時，通常有兩種表現不同的人：

　　第一種人是當他們在發現問題難度較大時，就會馬上被困難所嚇倒，然後對自己說「絕不可能」會取得成功，所以也就不再去努力，最終放棄。

　　而第二種人卻是相反，在面對困難時，他們是強者。他們

首先就有一種能戰勝困難的良好心態和發問方式，認為沒有什麼不可能！

然而，他們又是如何能做到這點的呢？

假如你是一個只有 19 歲的窮大學生，連上學的錢都不夠，能夠在不偷不搶，也不從事任何其他非法的活動，而是完全憑自己的智慧在短短 1 年內賺到 100 萬美元嗎？

可能大多數人聽到這樣的問題時，都會笑著搖頭，說：「絕不可能！」

如果再問一句：「你相信有這樣的人嗎？」可以斷定：還是會有不少人會搖一搖頭，說：「絕不可能！」

但是這裏我要告訴你：大多數人認為「絕不可能」的事，真的就有人做到了。

這個人名叫孫正義，一個被譽為「全球互聯網投資皇帝」的人。

這個身高僅僅 1.53 米的矮個子男人，在他 19 歲時就制定了自己 50 年的人生規劃，其中一條，就是要在 40 歲前至少賺到 10 億美元。如今他 40 多歲，而這個夢想也早已成了現實了。

看看他是如何利用智慧賺到人生第一個 100 萬美元的。

在制定人生 50 年規劃時，孫正義還是一個留學美國的窮學生，正為父母無法負擔他的學費、生活費而發愁。他也曾有過到速食店打工的想法，但很快又被自己否定了，因為這與他的夢想差距太大。左思右想之後，他決定向松下學習，通過創造發明賺錢。於是，他逼迫自己不斷想各種點子。一段時期內，光他設想的各種發明和點子，就記錄了整整 250 頁。

最後，他選擇其中一種他認為最能產生效益的產品——「多

國語言翻譯機」。但這時問題馬上來了：他不是工程師，根本不懂得怎麼組裝機子。當然這肯定難不住他，他向很多小型電腦領域的一流著名教授請教，向他們講述自己的構想，請求他們的幫助。

雖然大多數教授拒絕了他，但最終還是有一位叫摩薩的教授，答應幫助他，並為此成立了一個設計小組。這時孫正義又面臨著另一個問題：他手上沒有錢。

怎麼辦？這也難不倒他，拜訪了許多人之後，想辦法徵得了教授們的同意，並與他們簽訂合約。等到他將這項技術銷售出去後，再給他們研究費用。

產品研發出來後，他到日本推銷。夏普（SHARP）公司購買了這項專利，而這筆生意一共讓他賺了整整 100 萬美元。

所以一個人只要開動「腦力機器」去解決問題，去想方法，就沒有什麼不可能，就能創造奇蹟！而能創造這種奇蹟，關鍵在於改變發問方式：將否定式的疑問──「怎麼可能」，轉變為積極性的提問──「怎樣才能」！

有科學家曾經研究過：如果一個人將思想聚焦在「怎麼可能」的懷疑上，那他的智力潛能就會受到一定程度的壓抑，就有可能把能夠實現的東西扼殺在搖籃之中！

所以我們只有聚焦在「怎麼才能」的探索上，讓我們的腦力機器積極地開動起來，才能最終去把各種「不可能」變為可能，從而改寫歷史，改變命運！

17

不要讓你的潛能鼾睡

可以說人類的潛能猶如地下之水，只有深層地挖掘，人們才能品嘗到這水的甘甜。

記住培根說的這句話吧：「超越自然的奇蹟，總是在對逆境的征服中出現的。」

我們大多數人的體內都潛伏著巨大的才能，但這種潛能一直鼾睡著，只有激發它，才能做出驚人的業績來！

科學家們發現，人類儲存的潛能大得驚人。人們平常只是利用了極小的一部分而已，僅以大腦為例，只要發揮出大腦的一半功能，那麼人們都可以輕易學會 40 種語言、背誦整本百科全書、拿 12 個博士學位……

可以說任何成功者都不是天生的，成功的一個最根本的原因就是成功者盡可能多地開發了他自身無窮無盡的潛能，將一個又一個「不可能」踩在了腳下。

迪士尼玩具公司顧問瑪麗亞的故事，很富有傳奇色彩。在她 6 歲那年的耶誕節，父親要送她一件禮物，於是就帶她來到世界著名的迪士尼公司經營的一家玩具城，讓她自己挑選。平時小瑪麗亞就特別喜愛玩具，但由於家庭拮据而買不起，她就

經常自己用橡皮泥捏成各種各樣的小動物。她的橡皮泥玩具幾乎每天都有新的花樣在翻新。

來到玩具城後,瑪麗亞一件玩具也沒有看中。她的這一怪異現象恰好被站在一旁的玩具公司老闆唐納德發現了。這位美國玩具商耐心地聽完瑪麗亞不喜歡店裏玩具的原因後,將她領到自己的辦公室,把她剛剛指責的玩具一樣樣擺在桌子上,又派人為瑪麗亞取來橡皮泥,讓她按自己的想像為那些玩具改變形象。結果讓唐納德大為折服,立即協商與這位只有6歲的女孩子簽訂一項長期合約,破天荒地聘請她為玩具公司的顧問。

後來,迪士尼公司為充分發揮和挖掘瑪麗亞的天賦和潛能,每當世界各地有玩具展銷活動時都要帶上她,使她眼界大開,對各種玩具提出的意見和見解也更加準確、更能切中要害。經瑪麗亞參與設計的玩具給公司帶來了豐厚的利潤。

在瑪麗亞15歲的時候,她作為世界上最年輕的億萬富翁和最年輕的商人而被載入《吉尼斯世界紀錄大全》。

由此我們可以看出,一個人的才能大小不在於他的年齡大小,很大程度上是在於對天賦和潛能的合理開發。由於迪士尼原來那些玩具設計者早已成為成年人,失去了對童心的直接反應能力,所以目光陳舊,缺乏激情和新意,而瑪麗亞卻恰恰能彌補這方面的不足。

18

絕 不 放 棄

可以說進取心是成功的根本，如果一個人沒有一種向上向前的進取態度，那麼任何成功都無從談起。但進取既要有即知即行的「道根善骨」，同時還要有堅持到底的堅忍力。

而什麼是堅忍力呢？「堅」是堅持，「忍」是忍受，即在前進中遇到各種問題與困難時，能咬緊牙關忍受，不達目標誓不甘休。愛迪生說得好：「失敗者往往是那些不曉得自己已接觸到成功，而放棄嘗試的人。」

人生總會遇到關口，這時候，會感覺到加倍的軟弱和無力，認為自己不行了，便放棄了，由此功虧一簣。

其實不管幹任何事情，最關鍵的是不要輕易放棄——越想放棄的時候越不能夠放棄。當你覺得再也無法突破時，你一定要逼迫自己更向前走一步，因為成功就在下一次！

事實上，每遇到一次挫敗，就動搖一次信心，這是人之常情。但是偉人與凡人的不同，就在其動搖信心的同時，總會說服自己再次樹立信心。

可以說許多歷經挫敗而最終成功的人，他們感受「熬不下去」的時候，比任何人都要多。但是，他們卻在即使感到「已

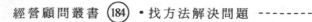

經熬不下去」時，也「咬咬牙再熬一次」，雖然是屢戰屢敗，但卻愈敗愈戰，終於在最後一刻，看到了勝利的曙光。

孫中山先生號召大家推翻滿清帝國，在多次發動起義，卻屢屢失敗。但他還是號召同志們要堅持。最後，武昌城頭一聲炮響，終於結束了清朝的統治。

堅持到底的力量，體現在方方面面。很多時候，堅持就是取得最後成功的根本：哈威並非第一個提出血液循環理論的人，達爾文並不是第一個提出進化論的人，哥倫布並不是第一個到達美洲的人，洛克菲勒並不是最先開發石油的人，但是他們都是最能拓進、最能堅持到最後的人，所以唯有他們獲得特別的成功。

人和竹子一樣，也是「一節一節地成長」每過一道「坎」時，都會有戰慄和緊張感，你會深深感到那種失去自我保護的痛苦，那種類似母親分娩的痛苦，但是你必須將力量集中到一點上來。闖得過去就意味著你上了一個臺階，闖不過去，就意味著成長的失敗。

因此，人生的「關鍵」時刻，往往是生命的緊張和痛苦彙集到一起來的時候，你必然會比平時感到加倍地難受。但這是好事而不是壞事。因為如果缺少戰慄和掙扎感，那就意味著你還沒有觸及成長的關鍵點，最終難以有所成就。所以，你要勇於承擔那種「建設性的痛苦」。

英國牛津大學曾舉辦了一個「成功秘訣」講座，邀請邱吉爾前來演講。當時，他剛剛帶領英國人贏得了反法西斯戰爭的勝利。可以說他是在英國人最絕望的時期上任的，因為取得了偉大的勝利，他的聲譽在當時可謂如日中天。

新聞媒體早在 3 個月前就開始炒作，大家都對他翹首以盼。這天終於到來了，會場上人山人海。大家都準備洗耳恭聽偉人的成功秘訣。

不料，邱吉爾的演講只有短短的幾句話：

「我成功的秘訣有三個：第一是，決不放棄；第二是，決不、決不放棄；第三是，決不、決不、決不能放棄！我的講演結束了。」

說完就走下了講臺。頓時會場上鴉雀無聲。一分鐘後，會場上卻爆發出了雷鳴般的掌聲⋯⋯

這是一個何等震撼人心的總結啊！

所以我們不要抱怨播下去的種子不發芽，只要我們精心呵護，總會有收穫的一天。也許在我們最想放棄的時候，恰恰是我們最不能放棄的時候，因為成功就在下一步！

19

用換位思考的方法獲得成功

換位思考，顧名思義，就是轉換自己的角色，站在別人的立場上去思考。在處理問題的時候，這是十分關鍵的一種方法，特別是在處理人與人之間的關係時十分有效。

換位思考，可以讓我們突破固有的思考習慣，學會變通，解決常規性思維下難以解決的事情；換位思考，可以讓我們瞭解別人的心理需求，感受到他人的情緒，將溝通進行到底；換位思考，可以讓我們揣摩到對方的心理，達到說服對方的目的；換位思考，可以讓我們欣賞到他人的優點，並給予對方真誠的鼓勵，使團隊和諧高效；換位思考，可以讓我們很好地進行服務定位，成功銷售我們的產品；換位思考，可以讓領導者得到下屬的擁護；換位思考，可以使下屬得到上級的器重……

同時，換位思考有助於我們走出自己既定的限制，使我們能夠看到自己平時看不到的事物。

美國一所中學就提到是如何處理學生問題的。當某個學生違反了校規，校長就會將這位學生叫到辦公室來，讓學生坐在校長的椅子上，自己則坐在來訪者的椅子上，然後才開始交談，處理問題。當問到這是為什麼時，這位校長說，這樣做能使學

生處在學校負責人的位置更好地考慮和認識自己所犯的錯誤。

互換角色，是相互理解、獲得成功的好方法。許多時候，人們站在自己的位置時無法看到自身的不足和錯誤，但換到對方的角度，或許能看得一清二楚。

當然，對於解決問題來說，換位思考的方法不僅僅能幫助你協調人際關係，更能使你瞭解對手，甚至預測對手的行動，通過佔得先機而獲得成功。

第二次世界大戰的時候，英國的蒙哥馬利將軍屢建奇功。他有一個習慣，就是將敵軍統帥的照片放在自己的辦公桌上。與敵軍進行戰鬥時，他總會看著對手的照片，問自己：如果我處在他的位置，我會怎麼做？他認為，這對他做到知己知彼，克敵制勝大有好處。

第二次世界大戰末期，當前蘇聯紅軍突擊部隊抵達距柏林不遠的奧得河時，由於與後續部隊脫節，人員和物資都供應不上，出現了十分危急的情況。蘇聯突擊部隊的統帥朱可夫苦苦思考該如何打開局面，他問他的坦克集團軍總司令卡圖科夫說：「假如你是德軍柏林城防司令官古德里安，手中掌握 23 個師，其中有 7 個坦克師和摩托師，朱可夫現已兵臨城下，而後繼部隊還遠在 150 公里之外。在這種局面下，你會採取怎樣的行動？」

卡圖科夫思索了一會，說：「如果是我，我會用坦克師從北面發動攻擊，切斷後繼部隊來會合的通路。」

「的確，如果是我，我也會這麼做。這是唯一的好機會啊。」於是朱可夫立即下令，第一坦克集團軍火速北上，果然一舉殲滅實施側翼反擊的德軍，保證了柏林戰役的勝利。

無論是蒙哥馬利還是朱可夫，他們的成功都借助於換位思考。而在工作中我們也同樣應多問問自己：如果我是那位客戶，我會怎麼做？如果我代表著那家公司，我會如何跟客戶合作等。換位思考能幫助我們更好地瞭解對方，而只有瞭解對方，才可能戰勝對方，從而走向成功！

　　當問題發生的時候，假設自己是對方，站在對方的角度來看待問題，思考對策，這往往能讓你預測到對手的行動。

　　曾經有三位旅人結伴穿越沙漠。他們帶了足夠的食物和水，匆匆上路。但是，第九天時，他們發現自己迷了路。他們在沙漠中徘徊，一天天過去，食物和水越來越少，但是他們依然沒有走出沙漠。

　　該怎麼辦？這樣下去大家都會死去。三個人都開始擔心自己的命運，他們不斷向神靈禱告，希望他們能幫助自己。這時，死神出現了。

　　旅人們幾乎不敢相信自己的眼睛。死神站在他們面前，對他們說：「我可以幫助你們，但是只能幫助其中的一個人，他將走出沙漠，繼續活下去。而我將得到另外兩人的靈魂。」

　　旅人們十分痛苦，既希望自己能活著走出沙漠，卻也不願意放棄自己的夥伴，他們的心在受著煎熬。

　　「我將出一道題目考考你們，誰最先正確回答出題目，就是那個能活著出去的人，你們願意接受嗎？」

　　三人互相看了看對方，因為如果不接受，大家都會死，還不如有一個能活下來。而這樣挑選倖存者的方法看來還算公平，於是他們接受了。

　　死神運用法術將他們帶到一間屋子裏，屋子裏很暗，只有

一盞小油燈提供光線。房間裏放著一張桌子和三把椅子，桌子上有五個一模一樣的盒子。

「這五個盒子裏各有一頂帽子。五頂帽子，有三頂黑的，兩頂白的。你們現在各自挑選一個盒子，坐到一把椅子上。然後將帽子戴在自己的頭上。坐在前面的人不允許回頭看身後的人。我將給你們 5 分鐘時間，你們必須說出自己頭上戴的帽子是什麼顏色的。我再重申一遍，最先回答出正確答案的就是倖存者，你們只有一次回答機會，所以必須好好思考。」

聽完這些話，三個人都發現，坐在前面的人勝算最小，因為他無法看到其他兩人的帽子顏色。而坐在最後的人勝算幾率最大，如果前面兩人的帽子都是白色，那他就幸運了。

他們選了盒子，都搶著要坐到最後，而三人中年紀最小的那個人則坐在了最前面。

時間一分一秒地過去，三人誰也不敢貿然搶答。因為說錯了，就意味著死亡。突然，坐在最前面的年輕人舉起了他的手：「我知道我的帽子是什麼顏色的了。」

死神讓他自己說。

「黑色。我的帽子是黑色的。」

「恭喜你，你獲得了生存的機會。」死神說，「但是，你能告訴我你是怎麼猜到的嗎？」

「這需要一點運氣，但也需要智慧。我想，如果我是最後面的人，他如果看到兩頂白帽子，他一定會毫不猶豫地說自己的帽子是黑色的。但是他一直都沒有說話，那說明他看到的可能是兩頂黑帽子，或者是一黑一白。坐在中間的那位，肯定也猜到了最後那人的心思，要是他看到了我頭上戴的是白帽子，

那他一定會知道他自己戴的是黑色的帽子。但是，他也沒有說話，因為他難以做出定論，他一定是看到我戴的是黑色的帽子，所以他無法確定自己戴的帽子是什麼顏色。」

「你真是一個聰明人。」死神忍不住稱讚，「他們很不幸，只能死去，將靈魂交由我掌管了。」。

「等等，這對他們不公平。」年輕人說道：「他們坐在後面，如果不靠瞎猜的話，或是出現特別幸運的情況，他們根本不可能獲得正確答案。」

「的確如此。不過因為你很聰明，並且你有勇氣向我求情，我願意將你們三個都送出沙漠，你們都可以繼續活下去了。」

年輕人能獲得成功，解答謎題，靠的是智慧和勇氣，同時，也是因為他的換位思考。他將自己放在了其他兩人的位置，瞭解站在他們的角度是如何思維的。通過這些，再運用邏輯排除的方法，終於得到了正確的答案。

20

尋找成功方案

　　方法並非單獨的存在，而是有多種選擇。或是因為人們的思維定式，或是因為人們不願意嘗試，許多人喜歡固守一種方法，即使知道有許多弊端。面對問題，不妨給自己多一些選擇，這樣往往能找到一種最佳的方法。

　　世界上第一個發明牛仔褲的人──李維·施特勞斯，創立了著名品牌「Levi's」。1979 年，李維公司在美國國內的總銷售額達 13.39 億美元，國外銷售贏利超過 20 億美元，雄踞世界 10 大企業之列。

　　1829 年，李維·施特勞斯出生於一個德國的小職員家庭，作為德籍猶太人，李維從小就很聰明，順順利利地上完中學、大學，再如他的父輩一樣，他當上了一個穩定的文員。1850 年，美國西部發現了大片金礦。李維·施特勞斯當時也很年輕，他不甘心就這麼平凡一輩子。於是他放棄了那個安穩但是無味的工作，加入到浩浩蕩蕩的淘金人群之中。

　　來到美國三藩市之後，他才發現自己的錯誤。曾經荒涼的西部已經到處都是淘金的人群，到處都是帳篷，根本沒有什麼發財的機會。而淘金的地方由於先前是荒蕪的土地，離生活中

心很遠，買東西十分不方便。

終於，他決定了不再從土裏淘金，而是從淘金人身上開始自己新的夢想。

有一天，他乘船去採購了許多日用百貨和一大批搭帳篷、馬車篷用的帆布。日用百貨一下就賣光了，但帆布卻沒人理會。如果是你，你會不會找藉口呢？因為凡布確實沒人要賣呀？

一天，一位淘金者走了過來，李維連忙高興地迎上前去，熱情地問道：「您是不是想買些帆布搭帳篷？」

那工人搖搖頭：「我已經有一個帳篷了，沒必要再搭一個。我需要的是像帳篷一樣堅硬耐磨的褲子，你有嗎？我每天都要跪在地上去分揀礦砂，工作很艱苦，衣褲經常要與石頭、砂土摩擦，棉布做的褲子不耐穿，幾天就磨破了。」

李維·施特勞斯感到很驚奇，但這位淘金者的話無疑給了他啟發。他想如果用這些厚厚的帆布做成褲子，肯定又結實又耐磨，說不定會大受歡迎呢！反正這些帆布也賣不出去，何不試一試做褲子呢？

1853 年，世界第一條日後被稱為「牛仔褲」的帆布工裝褲在李維·施特勞斯手中誕生了。

這種當時被工人們叫做「李維氏工裝褲」的褲子以其堅固、耐久、穿著合適獲得了當時西部牛仔和淘金者的喜愛。大量的訂貨紛至遝來。於是李維·施特勞斯不再開自己的那家日用品店，正式成立了自己的公司，從此開始了「Levi's」這個著名品牌的漫漫長路。

李維一直面臨著多重的選擇，從選擇自己是繼續做小職員還是去美國淘金，到是淘金還是幹別的，再到放棄自己的雜貨

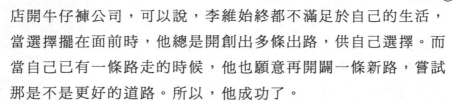

店開牛仔褲公司，可以說，李維始終都不滿足於自己的生活，當選擇擺在面前時，他總是開創出多條出路，供自己選擇。而當自己已有一條路走的時候，他也願意再開闢一條新路，嘗試那是不是更好的道路。所以，他成功了。

21

藉口是失敗的溫床

在工作中，每個人應該去做的，就是要充分地發揮自己的最大主觀能動性去努力地工作以獲得成功，而不是浪費時間去為失敗尋找藉口以博取別人的同情和理解。因為公司安排我們某個職位，是為了解決工作中的問題，為公司謀求利益，而不是來聽你對困難連篇累牘的分析的。

藉口是失敗的溫床，而習慣性的拖延者通常是製造藉口與托詞的專家。他們經常會為沒有做成某些事而去想方設法尋找藉口，或想出各種各樣的理由為任務未能按計劃完成而辯解。「這項工作太困難了。」、「我不是故意的。」、「我太忙了，忘了還有這樣一件事。」、「老闆規定的完成期限太緊。」、「本來不會是這樣的，都怪⋯⋯」等。

可以說找藉口是世界上最容易辦到的事情之一，只要你存心拖延逃避，你總能找出足夠多的理由。因為把「事情太困難、

太複雜、太花時間」等種種理由合理化，要比相信「只要我們
更努力、更聰明、信心更強，就能完成任何事情」，進而通過努
力去獲得成功要容易得多。

　　找藉口是一種不好的習慣。在遇到問題後不是積極、主動
地去想方法加以解決，而是千方百計地尋找藉口，你的工作就
會變得越來越拖遝，更不用說什麼高效率。藉口變成了一塊擋
箭牌，一旦什麼事情辦砸了，就總能找出一些看似合理的藉口
來安慰自己，同時也以此去換得他人的理解和原諒。找到藉口
只是為了把自己的失敗或過失掩蓋掉，暫時人為的製造一個安
全的角落。但長期這樣下去，藉口就會變成一種習慣，就會成
為失敗的溫床，人就會疏於努力，不再想方設法爭取成功了。

　　現實工作中不知有多少人把自己寶貴的時間和精力放在了
如何尋找一個合適的藉口上，而忘記了自己應盡的職責！可以
這麼說，喜歡為自己的失敗找藉口的員工，肯定是不努力工作
的員工。至少，他沒有端正他的工作態度。他們找出種種藉口
來掩飾失敗，欺騙公司，他們不是一個誠實的人，也不是一個
負責任的人。這樣的人，在公司中不可能是非常稱職的好員工，
也絕不可能是公司可以信任的好員工，也由此很難得到大家的
信賴和尊重。無數人就是因為養成了輕視工作、馬虎拖延、慣
於找藉口的習慣，終致一生處於社會或公司的底層，不能出人
頭地，獲得成功。

　　藉口是對惰性的縱容。每當要準備工作時，或要作出抉擇
時，總要找出一些適當的藉口來安慰自己，總想讓自己輕鬆些、
舒服些。也許很多人都有這樣的經歷：每當清晨鬧鐘將你從睡
夢中驚醒後，心裏想著該起床上班了，但同時卻又感受著被窩

的溫暖，所以常常會一邊不斷地對自己說該起床了，同時一邊
又會不斷地給自己尋找藉口:「沒關係,今天不急,再躺一會兒。」
於是又躺了 5 分鐘，10 分鐘……

　　其實對付惰性最好的辦法就是根本不讓惰性出現，如果惰
性一旦浮現，即使是擺出與惰性開戰的架勢也常常會於事無
補。因此特別在事情開端的時候，一定要有積極的想法在先，
否則當頭腦中冒出「我是不是可以再等會兒……」這樣的問題
時，惰性就出現了,「戰爭」也就開始了。然而一旦開戰，結果
就很難說了。所以，要在積極的想法一出現就馬上行動，讓惰
性沒有乘虛而入的任何機會。

　　所以在工作中，千萬不要找藉口，不要把過多的時間和精
力花費在尋找藉口上。失敗也罷，做錯了也罷，再美妙的藉口
對事情的改變沒有任何作用！還不如再仔細去想一想，想想下
一步究竟該怎樣去做。在實際的工作中，我們每一個人都應當
貫徹這種「沒有任何藉口」的思想。工作中，只要多花時間去
尋找解決方案，反覆試驗，調整平和的心態，多做實事，相信
總可以找到解決的方法。讓我們拒絕藉口，勇於承擔責任，勤
勤懇懇地幹好每一件事情吧。

　　那些把「沒有任何藉口」作為自己行為準則的人，他們擁
有一種毫不畏懼的決心、堅強的毅力、完美的執行力及在限定
時間內把握每一分每一秒去完成任何一項任務的信心和信念。

　　藉口是失敗的溫床，工作中沒有藉口，人生中沒有藉口，
失敗沒有藉口，成功也不屬於那些尋找藉口的人！我們要始終
以行動為見證，而不是總為自己開脫。那裏有困難，那裏有需
要，我們就要義無反顧地努力拼搏，直抵成功。

22

要以成敗論英雄

在商業社會裏，企業的生存前提是贏利，所以誰能夠給公司帶來最大的利潤，誰就是公司的英雄，因此我們就要以成敗論英雄。

沃爾瑪是世界上最大的零售品銷售商，但在中國甚至亞洲市場上，他們的風頭卻完全被法國的家樂福蓋過了。這是因為家樂福在亞洲市場上採取了不同的經營策略。而沃爾瑪則還是堅持在歐美時常用的經營策略，採用統一模式。所以家樂福已經融入了亞洲各地的文化之中；而沃爾瑪則堅持自己的固有模式，用經營歐美市場的思維方式去開拓亞洲市場。所以在亞洲，沃爾瑪成了失敗者，而家樂福卻是英雄。

人們常說，「生活就是一場沒有硝煙的戰爭」。與其說我們生活在一個生機勃勃的時代，不如說我們處在一個生存的時代、淘汰的時代。在淘汰中求生存，在競爭中求發展，無論對個人還是對企業團隊來說，都是如此。

雖然淘汰充滿著殘酷和無情，但我們卻不能否認，正是殘酷的淘汰促進了社會的進步。任何一個企業，要保持活力，要保證不落後，就必須不停地淘汰不適合自身發展的各種落後因

素。落後的管理理念、落後的經營政策、落後的產品、落後的服務、落後的用人體制以及不適合的員工。只有不斷地淘汰落後的、不適合的，才能持續保持先進的、適合的，才能生存下去，才能不斷地發展。

日本一家著名家電企業曾揚言：只要韓國家電市場一對外放開，用不了半年時間，就會讓韓國家電企業全部倒閉。由於意識到競爭的壓力，韓國家電企業紛紛走上了改革創新之路，淘汰落後的觀念，淘汰落後的產品，正是由於這種自我淘汰的意識，若干年以後，他們非但沒有全部倒閉，反而在國際市場上對日本家電企業構成了越來越大的威脅。

在遼闊的草原上，每天當第一縷陽光出現，獅子和羚羊就開始進行賽跑，獅子發誓要追上羚羊，因為追上羚羊，它就可以把它們當做自己的食物。而羚羊一定要跑得比獅子快，否則就會成為獅子的美餐。羚羊之間也在進行著殘酷的競爭，跑得最慢的羚羊成為了獅子的食物，而其他羚羊就會暫時倖免於難。這就是動物界之間的殘酷競爭。

有道是：「光有疲勞和苦勞，沒有功勞也白勞。」沒有成功，沒有勝出，你只能稱其為在運動，在消耗體能，而只有取得了成功你才是英雄。

只會找藉口的人，是天生的輸家，是不會成功的。

同樣，在商業社會裏，無論你曾經下了多大功夫，做了多少努力，花費了多少心血，只要你在某一個環節上出了差錯，你就要為此付出代價，倘若是在關鍵環節上出現閃失，則會功虧一簣，橫遭致命的一擊！

2004 年 6 月，傑克‧韋爾奇在企業領袖高峰論壇上，被一

位企業高層管理者問及:「您在任 CEO 時,與美國思科、微軟、戴爾等公司 CEO 們相比有何不同?」韋爾奇先生有一段精彩的回答:「找不到很特定的差異點,你提到的這些公司都是希望在市場上勝出的,而且他們都獲得了巨大成功,他們每個 CEO 都希望他們的員工勝出,所有的員工從某種意義上來說也取得很大的成功。儘管我們每一位 CEO 都有不同的風格、不同的方法和不同的手段,但大家的目標是一致的,就是要勝利,所以最好的事情就是勝利!」

職場猶如戰場,在與狼共舞、與虎相爭的市場經濟大潮中,公司作爲競爭的實體,它的存在就是爲了最大化地獲取利潤,就是爲了基業常青。不管你在企業競爭過程中有過多麼出色的表現,出過多麼大的力氣,只有在競爭中打敗了對手,取得最大、最終的勝利,企業才是英雄,你也才是英雄,才是企業最終的功臣。

23

你的態度決定成功的可能性

正如一句話說的：你的心態決定你的成敗，心態的高度決定你成功的高度。不管是在工作中還是生活中，只要把自己的心態擺正了、擺好了，用積極的心態去迎接每一件事情，那麼一定能取得你想要的好結果，好人生。

可以說，態度是衡量一個人能否獲得成功的重要標準。如果一個企業員工連最基本的熱愛本職工作、積極主動、有責任心、於事不拖拉的工作態度都不具備的話，那他們又怎麼能對本職工作盡職盡責呢？也就更加不用說去取得多大的成功了。

有一個成功女企業家曾這樣說：「現在的員工比我們以前差多了！首先是他們的工作態度，那時我們不管做什麼工作，不管是不是公司的事，都會樂意地、積極主動地去做，也會盡力去把它做到最好。」

也許她的這些話多少有些偏激，畢竟隨著時代的發展，對員工的要求可能不一樣，然而這些話卻在一定程度上反映了他們對工作的態度。可以說良好的工作態度是每個行業道德的基本要求，同時也是個人取得成功的基本要求。假如一個人連他自己所從事的本職工作都不熱愛，那麼他就不可能敬業，更不

會自覺地去鑽研本職業務，這樣，他的工作品質和效率也就不可能有質的提升，所以也就更不用說什麼成功了。

在這裏需要強調的是對於那些人們比較喜歡的、條件好、待遇高、專業性強、又很輕鬆的工作，要求做到愛崗敬業相對來說比較容易。但假如是因為工作的需要──把一個人放在那些工作環境惡劣、工作單調、待遇低、重覆性大，甚至還有一定危險性的工作崗位上，要做到愛崗敬業那就不容易了。其實越是在這種情況下，那些熱愛這些崗位並能在崗位上認真工作勞動的人，就越是企業真正最需要的人。

小美大學畢業後，應聘到一家公司。剛開始的時候她每天的工作就是：拆應聘信，翻譯；翻譯，拆應聘信。可以說是量大枯燥，索然無味，但她卻忙得不亦樂乎。她不急不躁，每天認真仔細地工作著。一年後，小美被提升為人事部經理。領導在她的升遷理由中這樣寫道：小美作為一個名牌大學畢業的碩士生，每天千篇一律地拆信，並在數十封信中，不厭其煩地整理出有價值的信，推薦給上司，這展示了她積極的工作態度。總經理認為：她能夠盡職盡責，幹一行愛一行，自己崗位上的每一件事情都辦得非常出色，我們企業需要的就是這樣的放到每個地方都能發光的人。因此，她理所應當是這一批應聘者當中的第一位升遷者。

「態度決定一切！」這句名言被許多企業的人力資源經理反覆引用，他們覺得：一個人的心態是否端正，通常決定了他能發揮出多大的專業水準、創造多大的業績，也決定了他將來成功的高度。

許多企業用人並不太看重學歷，而是取決於他展示出來的

能力和水準，許多人在職場發展比較慢，並不是他們沒有能力，主要是因爲他們心態不夠好。應該說良好的職場心態首先要有職業人的心態，一是要投入地把每一件負責的事情做得專業、完美，不偷懶、不應付了事；二是要有公民意識，即作爲公司一分子的責任感；三是視批評爲饋贈的虛心心態，工作中難免會遇到批評、指責，但如果能首先檢討自己的責任，然後再找出其中的原因，那在職場上進步肯定會更快。

　　有一次，李嘉誠在回他辦公室的途中，發現一枚 1 元硬幣從眼前閃過，滾到了車子下面。李嘉誠下了車，準備去撿那枚硬幣。然而就在他彎腰要撿的時候，一個門衛提前把那枚港幣撿了起來，並交給了李嘉誠。李嘉誠拿過硬幣，馬上從口袋裏拿出 100 元鈔票獎勵給這個門衛。人們感到很奇怪，別人只是幫他撿 1 元錢，他卻給了 100 元，不理解。李嘉誠說，這一塊港幣，如果不把它撿起來，它可能掉到水溝裏面，這個社會財富就會流失掉，所以我們不能讓人們把已經創造出來的財富和價值流失掉，那個門衛不僅知道珍惜財富，還懂得幫助別人，這是一種積極的心態，應該獎勵。

　　的確，人的很多決定和行爲取決於人的心態。而現在有很多員工(特別是年輕的)都有一種「淨賺薪水」的心態，他們覺得「你給幾分錢，我就出幾分力」是理所當然的。產生這種心態主要是因爲他們涉世未深，沒能看到自己和公司的長遠未來，所以才以金錢來衡量自己的工作價值。

　　那麼我們如何才能養成一個良好的心態而獲得成功呢？
　　主要有四個方面。

第一個心態：做企業的主人

什麼叫做主人？就是不管老闆在不在，不管領導在不在，不管公司遇到什麼樣的困難，你都願意去全力以赴，願意幫助公司去創造更多財富，這就是做主人的心態。

什麼叫做僕人？就是把自己當成企業的僕人，是在為別人而工作。

第二個心態：對事業的熱忱

這是一個成功者所應具備的非常重要的一種特質。因為人和人之間的影響和帶動是非常重要的，特別是銷售，它是資訊的傳遞和情緒的轉移，如果一個銷售人員把對產品、對銷售的極大熱忱，完全地傳遞給了顧客，顧客可能就會採取投資購買行為；如果一個領導者，把對工作的極大熱忱複製給了週圍的人，他們就會跟隨著你，這就是一種群體效應。

第三個心態：對待事情的意願和決心

可以說世界上沒有能與不能的問題，只有要與不要的問題。也許你能得到你一定要的東西，但你未必能得到你一定能的東西。做任何事情，想要成功的話，永遠只有五個字，就是：我要，我願意。

現實中大多數人只是想要結果，不願意去努力。甚至有相當多的人會選擇找藉口來度過自己的人生，而不是去找方法。

我太年輕了，所以我無法成功；我太老了，所以我無法成功；我是女人，所以我無法成功；我學歷不高，所以我無法成功；我學歷太高了，思想性太強，同事們理解不了我的想法，沒有辦法成功……這些都是人們給自己找的藉口，你來分析一下，這些藉口站得住腳嗎？

所有這些藉口可能都是事實，但是藉口能不能幫你成功？能不能幫你達成你想要的結果？這才是需要認真思考的一件事情。

第四個心態：要有自我負責的精神

人生最美好的結果，是由所下的最正確的決定開始，而最正確的決定又開始於最正確的思想。所以你要對一件事情的結果負責，最重要的是，你首先要對你的思想和態度負責，因為思想不同，態度不一樣，下的決定也不一樣。如果你不肯為你獨有的人生負責任，那你就任由別人來擺佈吧。

24

找到方法，「螞蟻」也能成「獅子」

有句俗話叫「三十年河東，三十年河西」，說的就是沒有事物是一成不變的。也許有人說我現在是一無所有，微小得像只「螞蟻」；也許有人說我付出那麼多，但還是沒有成功。成功確實需要付出，但付出不一定能成功，這是為什麼呢？主要是我們沒有找到正確的方法。只要我們積極努力地去付出，同時善於尋找方法，那麼我們就能慢慢地強大，總有一天「螞蟻」會變成「獅子」。

古今中外，人們無時無刻不在做著成功的夢。莘莘學子夢

想著取得優異的學習成績；勞動的人們夢想著有一天過上健康富裕的生活……所以，成功是每個人心中最崇高的夢想。

但是在現實社會中，人們卻總是說事容易做著難，最終能夠獲得成功的人鳳毛麟角。於是，成功就成了人們一種奢侈的嚮往了。當人們通過多少年的努力，依然沒有看到成功的希望的時候，人們的思維不免總是深陷在疑惑的沼澤：我能成功嗎？什麼時候可以成功？在這一連串疑問的後面，緊跟著的是懷疑和鬆懈。於是，人們開始放棄了。當夢想的火炬熄滅、激越的心靈被蒙上厚厚的灰塵的時候，成功，也就真的永永遠遠地離你而去了。其實，成功離你並不遙遠，成功就近在咫尺、觸手可及。只是你暫時沒有找到觸摸成功的方法而已，只要你找準了方法，那麼成功就不再遙遠，輝煌事業也就在眼前。

英國作家毛姆未成名前窮困潦倒，可憐兮兮，出版的很多小說充斥書堆，無人問津。經過思考，毛姆決定用計改變自己的處境。他在報紙上登了一則啟事，上書：本人是百萬富翁，喜歡文學，想找一個與毛姆小說裏的女主人公一樣的人為妻。

廣告登出後，倫敦書店裏積壓的毛姆小說三天內全部脫銷，毛姆也一舉成名。

那些成功的人之所以能成功，是因爲他們學會了在各種環境中懂得去尋求問題的解決方法，他們不願意看到自己被困難壓垮，更不願意被問題嚇倒。相反，他們總是冷靜地去思考，實事求是，從各個角度深入地去研究問題，分析問題，用才智設法地尋求解決的辦法。一個人想要成功，就不要畏懼困難，也不要害怕失敗，更不要爲失敗找藉口，只要學會找方法，爲你的成功去積極地想辦法，那麼成功就會屬於你！

25

不要害怕方法

　　卓越者，必是重視找方法之人。在他們的世界裏，不存在困難這樣的字眼，他們相信凡事必有方法去解決，而且能夠解決得最完美。事實也一再證明，看似極其困難的事情，只要用心去尋找方法，必定有所突破。

　　2001 年 5 月 20 日，美國一位名叫喬治・赫伯特的推銷員，成功地把一把斧子推銷給了小布希總統。布魯金斯學會得知這一消息，把刻有「最偉大的推銷員」的一隻金靴子贈予了他。這是自 1975 年該學會的一名學員成功地把一台微型答錄機賣給尼克森以來，又一學員登上了如此高的門檻。

　　布魯金斯學會創建於 1927 年，以培養世界上最傑出的推銷員著稱於世。它有一個傳統，在每期學員畢業時，設計一道最能體現推銷員能力的實習題，讓學員去完成。在克林頓當政期間，他們出了這麼一道題：請把一條三角褲推銷給現任總統。八年間，有無數學員為此絞盡腦汁，可是，最後都無功而返。克林頓卸任後，布魯金斯學會把題目換成了「請把一把斧子推銷給小布希總統」。

　　鑑於前 8 年的失敗和教訓，許多學員知難而退。個別學員

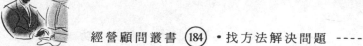

甚至認為，這道畢業實習題會和克林頓當政期間的那道題一樣毫無結果，因為現任的總統什麼都不缺少，再說即使缺少，也用不著他們親自購買，再退一步說，即使他們親自購買，也不一定正趕上你去推銷的時候。

然而喬治・赫伯特卻做到了，並且沒有花多少工夫。一位記者在採訪他的時候，他是這樣說的：我認為，把一把斧子推銷給小布希總統是完全可能的。因為，布希總統在德克薩斯州有一農場，那裏長著許多樹。於是我給他寫了一封信，說：「有一次，我有幸參觀了您的農場，發現那裏長著許多矢菊樹，有些已經死掉，木質也已經變得鬆軟。我想，您一定需要一把小斧頭，但是從您現在的體質來看，這種小斧頭顯然太輕，因此您仍然需要一把不甚鋒利的老斧頭。現在我這兒正好有一把這樣的斧頭。它是我祖父留給我的，很適合砍伐枯樹。假若您有興趣，請按這封信所留的信箱，給予回覆⋯⋯」最後他就給我匯來了 15 美元。

喬治・赫伯特成功後，布魯金斯學會在表彰他的時候說：金靴子獎已空置了 26 年。26 年間，布魯金斯學會培養了數以萬計的推銷員，造就了數以百計的百萬富翁，這只金靴子之所以沒有授予他們，是因為我們一直想尋找這麼一個人。這個人從不因有人說某一目標不能實現而放棄，從不因某件事情難以辦到而不去尋找方法。

的確，不是有些事情難以做到，而是因為我們沒有用心去找方法解決困難。

由此，讓我們成為一個積極尋求方法的人吧。這樣會幫助我們在工作中儘快脫穎而出，成為一個真正卓越的人。

　　勿需多言，如果我們也想成爲卓越的人，取得人生的輝煌事業，就請行動起來，運用智慧向前進路上的一個個困難挑戰吧！

26

末流員工最愛找藉口

　　相對於一流員工而言，末流員工在工作中遇到困難，極少去尋求方法來進行解決，末流員工的存在，是企業災難的開始。

　　一流員工凡事主動尋求方法解決困難，而末流員工卻極力去找藉口原諒自己，藉故推脫。從辯證法的角度說，這也是造成兩者是卓越還是平庸的根本原因之一。

　　羅傑‧布萊克是一位體育界的成功人士，他曾獲奧林匹克運動會 400 米銀牌和世界錦標賽 400 米接力賽的金牌，可他的出色和優秀並不僅僅是因為他令人矚目的競技成績。更讓人為之動容的是，他所有的成績都是在他患心臟病的情況下取得的，他沒有把患病當作自己的藉口。

　　除了家人、醫生和幾個親密的朋友，沒有人知道他的病情，他也沒向外界公佈任何消息。當第一次獲得銀牌之後，他對自己並不滿意，倘若他如實地告訴人們他的身體狀況，即使他在運動生涯中半途而廢，也同樣會獲得人們的理解與體諒，可羅

傑並沒有這樣做，他說：「我不想小題大做地強調我的疾病，即使我失敗了，也不想以此為藉口。」

在生活中，不知有多少人一直抱怨自己缺乏機會，並努力為自己的失敗尋找藉口。成功者不善於也無須編造任何藉口，對於自己的行為和目標，他們能夠承擔起責任，當然也就能夠享受自己的勤奮和努力所獲得的成果。他們不見得有超凡的能力，但卻一定有超凡的心態。他們能夠積極主動地抓住並創造機遇，而不是一遇到困難就逃避、退縮，為自己尋找藉口，如果他們這樣做的話。是不可能取得成功的。

為什麼很多人總是如此煞費苦心地找尋藉口，卻無法將工作做好呢？如果每個人都善於尋找藉口，那麼努力嘗試用找藉口的創造力來找出解決困難的辦法，也許情形會大大地不同。如果你存心拖延、逃避，你自己就會找出成千上萬個理由來辯解為什麼不能夠把事情完成。事實上，把事情「太困難、太無頭緒、太麻煩、太花費時間」等種種理由合理化，確實要比相信「只要我們足夠努力、勤奮，就能完成任何事」的信念要容易得多。但如果你經常為自己找藉口，你就不能完成任何事，這對我們以後的職業生涯也是極為不利的。

如果你常常發現，自己會為沒做或沒完成的某些事而製造藉口與託辭，或想出成百上千個理由為事情未能照計畫實施而辯解，那麼，你自己不妨還是多做自我批評，多多地自我反省吧！

第二章

尋求方法就能解決問題

1

方法總比困難多

在競爭激烈的職場上，有人靠自己的智慧和能力，率先取得了成功，也有人因種種失誤經受著痛苦，實際上，失敗是孕育成功的必備條件。當我們陷入人生的黯淡困境時，請喚起新的勇氣，相信失敗中我們一定能找到創新的方法。

一天夜裏，一場雷電引發的山火燒毀了美麗的「萬木莊園」，這座莊園的主人傑克陷入了一籌莫展中。面對如此大的打

擊，他痛苦萬分，閉門不出，茶飯不思。

轉眼間，一個多月過去了，年已古稀的外祖母見他還陷在悲痛之中不能自拔，就意味深長地對他說：「孩子，莊園變成了廢墟並不可怕，可怕的是，你的眼睛失去了光澤，一天一天地老去。一雙老去的眼睛，怎麼能看得見希望呢？」

在外祖母的勸說下，傑克決定出去轉轉。他一個人走出莊園，漫無目的地閒逛。在一條街道的拐彎處，他看到一家店鋪門前人頭攢動。原來是一些家庭主婦正在排隊購買木炭。那一塊塊躺在紙箱裏的木炭讓傑克的眼睛一亮，他看到了一線希望，急忙興沖沖地向家中走去。

在接下來的兩個星期裏，傑克僱了幾名燒炭工，將莊園裏燒焦的樹木加工成優質的木炭，然後送到集市上的木炭經銷店裏。

很快，木炭就被搶購一空，他因此得到了一筆不菲的收入。他用這筆收入購買了一大批新樹苗，一個新的莊園初具規模了。

幾年以後，「萬木莊園」再度綠意盎然。

「山窮水盡疑無路，柳暗花明又一村」。世間沒有死胡同，就看你如何去尋找出路。不讓心智老去，才不會讓心靈荒蕪，才不會無路可走。

一扇門關上，另一扇門會打開。沒有過不去的坎，除非你自己不願過去。面對困難，只是沮喪地呆在屋子裏，便會有禁錮的感覺，自然找不到新的出路。不妨離開屋子，享受一下新鮮的空氣、陽光，你的心情會豁然開朗，精神為之振奮，走出困境，你將會有積極的想法，果敢的行動。人，只有在良好的心境中才能更好地發揮自己的才智。

　　日本大企業家松下幸之助對此理念闡述得最透徹，他說：「跌倒了就要站起來，而且更要往前走。跌倒了站起來只是半個人，站起來後再往前走才是完整的一個人。」

　　日本三洋電器公司的顧問後藤清一，曾在松下電器公司擔任廠長，當時松下幸之助就給他最好的教育機會。有一天，日本遭逢有史以來最狂暴的颱風，雖無人員傷亡，但工廠卻接近全毀。後藤心想：好不容易遷到新廠，正想要全力生產、大幹特幹時，卻遭此打擊，老闆心裏一定很沮喪。

　　松下是在颱風即將停止之前趕到工廠的，此時不巧松下夫人也因身體不適而住院，他是探病後才趕來的。

　　「報告老闆，不得了，工廠遭逢巨變，損失慘重，我來嚮導，請去工廠巡視一趟吧！」「不必了，不要緊，不要緊。」

　　老闆手中握著紙扇，仔細地端詳它，橫看、縱看，神情異常地冷靜。

　　「不要緊，不要緊。後藤君啊，跌倒就應爬起來。嬰兒若不跌倒也就永遠學不會走路。孩子也是，跌倒了就應立即站起來，嚎哭是沒有用的。不是嗎？」

　　松下說完掉頭就走，對工廠的災難毫無驚恐失色之態。

　　俗話說：「山不轉，路轉；路不轉，人轉。」我國古書《易經》上也說：「窮則變，變則通。」的確，天無絕人之路，上天總會給有心人一個反敗為勝的機會。

　　人的一生總會遭遇許多意外的困難與失敗。對許多人來說，挫折並不足畏，可怕的是你在心理上被徹底打敗了，而又未能體會真正的「教訓」，反而一再重蹈覆轍，以致到最後落得無可救藥。我們常說「勝敗乃兵家常事，因此要勝勿驕，敗勿

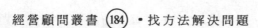

餒」。而更重要的是要經得起挫折，再重整旗鼓，開闢人生的另一個戰場。

相傳康熙年間，王致和赴京應試落第後，決定留在京城，一邊繼續攻讀，一邊學做豆腐以謀生。可是，他畢竟是個年輕的讀書人，沒有做生意的經驗，夏季的一天，他所做的豆腐剩下不少。只好用小缸把豆腐切塊醃好。但日子一長，他竟忘了有這缸豆腐，等到秋涼時想起來了，但醃豆腐已經變成了「臭豆腐」。王致和十分惱火，正欲把這「臭氣熏天」的豆腐扔掉時轉而一想，雖然臭了，但自己總還可以留著吃吧。於是，就忍著臭味吃了起來，然而，奇怪的是，臭豆腐聞起來雖有股臭味，吃起來卻非常香。

於是，王致和便拿著自己的臭豆腐去給自己的朋友吃。好說歹說，別人才同意嘗一口，沒想到，所有人在捂著鼻子嘗了以後，都讚不絕口，一致公認此豆腐美味可口。王致和借助這一錯誤，改行專門做臭豆腐，生意越做越大，而影響也越來越廣。最後，連慈禧太后也慕名前來嘗一嘗美味的臭豆腐，對其大為讚賞。

從此，王致和與他的臭豆腐身價倍增，還被列為禦膳菜譜。直到今天，許多外國人到了北京，都還點名要品嘗這所謂「中國一絕」的王致和臭豆腐。

因為一次失敗，王致和改變了自己的一生。

所以在人生路上，遇到失敗時我們要學會轉個彎，把它作為一生的轉捩點，選擇新的目標或探求新的方法，把失敗作為成功的新起點。

成功者與失敗者最大的不同，就在於前者珍惜失敗的經

驗，他們善於從失敗中吸取教訓，尋找新的方法，反敗爲勝，獲得更大的勝利；後者一旦遭遇失敗的打擊，就墜入痛苦的深淵中不能自拔，每天悶悶不樂，自怨自艾，直至自我毀滅。

的確如此，在困難面前只要我們不輕易放棄，一定會找到有效的解決辦法。

2

使「不能「成為「能」

工作中，要使「不能」成爲「能」，最好的方法是拓展自己的創造力。任何事情的成功，都是因爲能找到把事情做得更好的方法。

有一次，拿破崙·希爾問 PMA 成功之道訓練班上的學員：「你們有多少人覺得我們可以在 30 年內廢除所有的監獄？」

學員們顯得很困惑，懷疑自己聽錯了。一陣沉默過後，拿破崙·希爾又重覆：「你們有多少人覺得我們可以在 30 年內廢除所有的監獄？」

確信拿破崙·希爾不是在開玩笑以後，馬上有人出來反駁「你的意思是要把那些殺人犯、搶劫犯以及強姦犯全部釋放嗎？你知道這會造成什麼後果嗎？那樣我們就別想得到安寧了。不管怎樣，一定要有監獄。」

「社會秩序將會被破壞。」

「某人生來就是壞坯子。」

「如有可能，還需要更多的監獄。」

拿破崙・希爾接著說：「你們說了各種不能廢除的理由。現在，我們來試著相信可以廢除監獄。假設可以廢除，我們該如何著手。」

大家有點勉強地把它當成試驗，沉靜了一會兒，才有人猶豫地說：「成立更多的青年活動中心可以減少犯罪事件的發生。」

不久，這群在 10 分鐘以前堅持反對意見的人，開始熱心地參與討論。

「要清除貧窮，大部分的犯罪都起源於低收入階層。」

「要能辨認、疏導有犯罪傾向的人。」

「借手術方法來治療某些罪犯。」

總共提出了 18 種構想。

這個實驗的重點是：當你相信某一件事不可能做到時，你的大腦就會為你打出種種做不到的理由。但是，當你相信，真正地相信某一件事確實可以做到，你的大腦就會幫你找出解決做得到的各種方法。

美國實業家羅賓・維勒的成功秘訣是「永遠做一個不向現實妥協的叛逆者」。羅賓・維勒的言行是一致的，就在他的領導下，使無數個不可能成為了可能。

羅賓以前經營著一家小規模的皮鞋廠，只有十幾個僱工。

他很清楚自己的工廠規模小，要掙到大錢是很困難的。資本少，規模小，人力資源又不夠，無論從那一方面都不能和強大的同行相抗衡。

那麼，該怎樣改變這種局面呢？

羅賓面前擺著兩條路：

一是提高鞋料的成本，使自己的產品在品質上勝人一籌。然而在現在這種狀況下，自己的成本原本就比別人的高。若再提高成本，那麼就只能賠錢賣了。所以，這條路現在根本不可行。

再有就是在款式上下工夫。只要自己能夠翻出新花樣、新款式，不斷變換、不斷創新，就可以為自己打開一條新的出路。羅賓認為這個主意不錯，並決定走這條道路。

隨後，他立即召集工廠的十幾個工人開了個皮鞋款式改革會議，並要求他們各盡所能地設計新款的鞋樣。

羅賓還特設了一個獎勵辦法：凡設計出的樣式被公司採用者，可得到 1000 美元的獎勵；若是通過改良被採用的，獎勵 500 美元；即使沒被採用，但別具匠心的仍可獲得 100 美元的獎勵。

號召很快就被響應，沒過多久，被採納的 3 款鞋樣便試行生產了，當然這 3 名設計者也分別得到了應得的 1000 美元的獎勵。

第一批生產出的產品，被送往各大城市進行推銷。

顧客都很欣賞這些款式新穎的皮鞋，這些皮鞋在很短的時間內便被搶購一空。

兩個星期後，羅賓的工廠便收到了 2700 多份訂單，這使得工人們開始加班加點。生意越做越大，公司也在原來的規模上，擴充成為有 18 家分廠的規模龐大的工廠了。

沒過多久，危機又出現了，當皮鞋工廠一多起來，做皮鞋

的技工便顯得供不應求了。其他的工廠都出重資挽留住自己的工人，即使羅賓提高工資，也難以把工人從其他工廠拉過來。沒有工人，工廠將難以維持，這是最令羅賓頭疼的事了。他接了不少訂單，但如在規定的期限內交不上貨，那麼他將賠償巨額的違約金。

羅賓為此煞費腦筋。

他召集 18 家皮鞋工廠的工人開了一次會議。他堅信 3 個臭皮匠頂個諸葛亮，眾人協力，定能把問題解決。

羅賓把沒有工人的難題告知大家，並宣佈了那個動腦筋有獎的辦法。

會場陷入了寂靜，人們都在埋頭苦想。

過了片刻，一個不起眼的小夥子舉起了右手，在羅賓應允後。他站起來發言：

「羅賓先生，沒有工人，我們可以用機器來造皮鞋。」

羅賓還未表態，底下就有人嘲諷說：「小夥子，用什麼機器造鞋呀？你能給我們造台這樣的機器嗎？」

那小夥子聽了，怯生生地坐回了原位。

這時羅賓卻走到了他的身旁，然後挽著他的手把他拉到了主席臺上，朗聲向大家宣佈：

「諸位，這小夥子說得很對，雖然他還造不出這種機器，但這個想法很重要，很有用處。只要我們沿著這個思路想下去，問題肯定會很快解決的。」

「我們永遠有能安於現狀，不能把思維局限於一定的框架之中，這樣我們才能不斷創新。現在，我宣佈這個小夥子可獲得 500 美元獎金。」

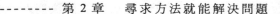
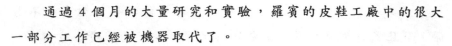

　　通過 4 個月的大量研究和實驗，羅賓的皮鞋工廠中的很大一部分工作已經被機器取代了。

　　羅賓‧維勒，這個美國商業界的奇才，就像一盞指路明燈照亮了美國商業界的前途。他的成功證明了：商海茫茫，只有那些相信自己，並使不可能成為可能的人才能抵達勝利的彼岸。

3

「離經叛道」來應對困難

　　工作中碰到這樣那樣的困難時，來點不一樣的「離經叛道」之舉，有時會收效甚豐。

　　被稱為美容界「魔女」的英國人安妮塔，曾位列世界十大富豪之一，她擁有數千家美容連鎖店。不過，安妮塔為這個龐大的美容「帝國」創造財富時，卻反其道而行，從沒有花過 1 分錢的廣告費，這在當時被認為是一種「離經叛道」的舉動。

　　安妮塔於 1971 年貸款 4000 英鎊開了第一家美容小店。她在肯辛頓公園靠近市中心地帶的居民區租了一間店鋪，並把它漆成綠色。雖然美容小店的這種所謂「獨創」的著名風格(眾所週知，綠色屬於暗色，用它做主色不醒目)的真實緣由完全出於無目的，但這種直覺的超前意識卻是新鮮而又和諧的，因為天然色就是綠色。

美容小店艱難地起步了，在花花綠綠的現代社會裏並不惹眼，而且更為糟糕的是，在安妮塔的預算中，沒有廣告宣傳費。正當安妮塔為困難焦慮不安時，她收到一封律師來函。這位律師受兩家殯儀館的委託控告她，要她要麼不開業，要麼就改變店外裝飾。原因是像「美容小店」這種花哨的店外裝飾，勢必破壞附近殯儀館莊嚴肅穆的氣氛，從而影響業主的生意。

安妮塔又好氣又好笑。無奈中她靈機一動，打了一個匿名電話給布利頓《觀察晚報》，聲稱她知道一個吸引讀者、擴大銷路的獨家新聞：黑手黨經營的殯儀館正在恫嚇一個手無縛雞之力的可憐女人——羅蒂克·安妮塔，這個女人只不過想在她丈夫準備騎馬旅行探險的時候，開一家經營天然化妝品的美容小店維持生計而已。

《觀察晚報》果然上當了。它在顯著位置報導了這個新聞，不少富有同情心並仗義的讀者都來美容小店安慰安妮塔。由於輿論的作用，那位律師也沒有來找麻煩。

小店尚未開業，就在布利頓出了名。開業初的幾天，美容小店顧客盈門，熱鬧非凡。

然而不久，一切卻發生了戲劇性的變化：顧客漸少，生意日淡，最差時一週營業額才 130 英鎊。事實上，小店一經營業，每週必須進賬 300 英鎊才能維持下去，為此，安妮塔把進賬 300 英鎊作為奮鬥的目標和成功與否的準繩。

經過深刻的反思，安妮塔終於發現，新奇感只能維持一時，不能維持一世，自己的小店最缺少的是宣傳。在她看來，美容小店雖然別具風格，自成一體，但給顧客的刺激還遠遠不夠，需要馬上加以改進。

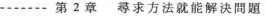

　　一個涼風習習的早晨，市民們迎著初升的太陽去肯辛頓公園時。發現了一個奇怪的現象：一個披著曲捲頭髮的古怪女人沿著街道往樹葉和草坪上噴灑草莓香水，清馨的香氣隨著嫋嫋的晨霧，飄散得很遠很遠。她就是安妮塔——美容小店的女老闆。她要營造一條通往美容小店的馨香之路，讓人們認識並愛上美容小店。聞香而來，成為美容小店的常客。

　　她的這些非常奇特意外的舉動，又一次上了布利頓《觀察晚報》的版面。

　　無獨有偶，當初美容小店進軍美國時，臨開張的前幾週，紐約的廣告商紛至遝來，熱情洋溢地要為美容小店做廣告。他們相信，美容小店一定會接受他們的熱情，因為在美國，離開了廣告，商家幾乎寸步難行。

　　安妮塔卻態度鮮明地說：「先生，實在是抱歉，在我們的預算費用中，沒有廣告費用這一項。」

　　美容小店離經叛道的做法，引起美國商界的紛紛議論，紐約商界的常識是，如果外國零售商要想在商號林立的紐約立足。若無大量廣告支持，說得好聽是有勇無謀，說得難聽無異於自殺。

　　敏感的紐約新聞媒介沒有漏掉這一「奇聞」，他們在客觀報導的同時，還加以評論。讀者開始關注起這家來自英國的企業，覺得這家美容小店確實很怪。這實際上已起到了廣告宣傳的作用。安妮塔並沒有刻意去策劃，但卻節省了上百萬美元的廣告費。

　　後來，當美容小店的發展規模及影響足以引起新聞界的矚目時，安妮塔就更沒有做廣告的想法了。但是當新聞界採訪安

妮塔或者電視臺邀請她去製作節目時，她總是表現活躍。

安妮塔就是依靠這一系列標新立異的做法使最初的一間美容小店擴張成跨國連鎖美容集團。她的公司在 1984 年上市之後，很快就使她步入億萬富翁的行列。

安妮塔雖然沒有支付過一分錢的廣告費，但她卻以自己不斷推出的標新立異的做法始終受到媒體的關注，使媒體不自覺地時常為其免費做「廣告」，其手法令人拍案叫絕。

4

沒錢也能蓋大教堂

當困難橫亙在我們面前時，我們千萬不能受它的限制。有時來點「離經叛道」的舉動，反而會讓你借上東風，迅速發展自己。

1968 年春，羅伯‧舒樂博士立志在加州用玻璃建造一座水晶大教堂，他向著名的設計師菲力普‧強生表達了自己的構想：

「我要的不是一座普通的教堂，我要在人間建造一座伊甸園。」

強生問他的預算，舒樂博士堅定而坦率地說：「我現在一分錢也沒有，所以 100 萬美元與 400 萬美元的預算對我來說沒有區別。重要的是，這座教堂本身要具有足夠的魅力來吸引人們

捐款。」

教堂最終的預算為 700 萬美元。700 萬美元對當時的舒樂博士來說是一個不僅超出了能力範圍，也超出了理解範圍的數字。

當天夜裏，舒樂博士拿出 1 頁白紙，在最上面寫上「700 萬美元」，然後又寫下了 10 行字：

1. 尋找 1 筆 700 萬美元的捐款。
2. 尋找 7 筆 100 萬美元的捐款。
3. 尋找 14 筆 50 萬美元的捐款。
4. 尋找 28 筆 25 萬美元的捐款。
5. 尋找 70 筆 10 萬美元的捐款。
6. 尋找 100 筆 7 萬美元的捐款。
7. 尋找 140 筆 5 萬美元的捐款。
8. 尋找 280 筆 2.5 萬美元的捐款。
9. 尋找 700 筆 1 萬美元的捐款。
10. 賣掉 1 萬扇窗戶，每扇 700 美元。

60 天后，舒樂博士用水晶大教堂奇特而美妙的模型打動了富商約翰·可林，他捐出了第一筆 100 萬美元。

第 65 天，一位傾聽了舒樂博士演講的農民夫妻，捐出第一筆 1000 美元。

90 天時，一位被舒樂博士孜孜以求精神所感動的陌生人，在生日的當天寄給舒樂博士一張 100 萬美元的銀行本票。

8 個月後，一名捐款者對舒樂博士說：「如果你的誠意和努力能籌到 600 萬美元，剩下的 100 萬美元由我來支付。」

第二年，舒樂博士以每扇 500 美元的價格請求美國人訂購

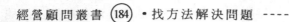

水晶大教堂的窗戶，付款辦法為每月 50 美元，10 個月分期付清。6 個月內，1 萬多扇窗戶全部售出。

1980 年 9 月，歷時 12 年，可容納 10000 多人的水晶大教堂竣工，這成為世界建築史上的奇蹟和經典，也成為世界各地前往加州的人必去瞻仰的勝景。

水晶大教堂最終造價為 2000 萬美元，全部是舒樂博士一點一滴籌集而來的。

許多困難乍一看起來像夢一般遙不可及，然而我們本著從零開始，點點滴滴去實現的決心，有效地將問題分解成許多板塊，這將大大提升我們去攻克困難的信心和效率。

5

要學會變通，才能適應環境

從哲學的角度來講，惟一不變的東西是變化本身。我們生活在一個瞬息萬變的世界裏，應當學會適應變化。尤其是職場中人，在競爭日益激烈的今天，要培養以變化應萬變的理念，勇於面對變化帶來的困難，才能做到卓越和高效。

在一次培訓課上，企業界的精英們正襟危坐，等著聽管理教授關於企業運營的報告。門開了，教授走進來，矮胖的身材、圓圓的臉，左手提著個大提包，右手擎著個派得圓鼓鼓的氣球。

精英們很奇怪，但還是有人立即拿出筆和本子，準備記下教授精闢的分析和坦誠的忠告。

「噢，不，不，你們不用記，只要用眼睛看就足夠了，我的報告將非常簡單。」教授說道。

教授從包裹拿出一隻開口很小的瓶子放在桌子上，然後指著氣球對大家說：「誰能告訴我怎樣把這只氣球裝到瓶子裏去？當然，你不能這樣，嘭！」教授滑稽地做了個氣球爆炸的姿勢。

眾人面面相覷，都不知教授葫蘆裏賣的什麼藥，終於一位精明的女士說：「我想，也許可以改變它的形狀……」

「改變它的形狀？嗯，很好，你可以為我們演示一下嗎？」

「當然。」女士走到臺上，拿起氣球小心翼翼地捏弄。她想利用橡膠柔軟可塑的特點，把氣球一點點塞到瓶子裏。但這遠遠不像她想的那麼簡單，很快她發現自己的努力是徒勞的，於是她放下手裏的氣球，道：「很遺憾，我承認我的想法行不通。」

「還有人要試試嗎？」

無人響應。

「那麼好吧，我來試一下。」教授道。他拿起氣球，三下兩下便解開氣球嘴上的繩子，「嗤」的一聲，氣球變成了一個軟奪奪的小袋子。

教授把這個小袋子塞到瓶子裏，只留下吹氣的口兒在外面，然後用嘴巴銜住，用力吹氣。很快，氣球鼓起來，脹滿在瓶子裏。教授再用繩子把氣球的嘴兒給紮緊。「瞧。我改變了一下方法，問題迎刃而解了。」教授露出了滿意的笑容。

教授轉過身，拿起筆在寫字板上寫了個大大的「變」字，說：「當你遇到一個難題，解決它很困難時，那麼你可以改變一

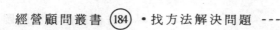

下你的方法。」他指著自己的腦袋,「思想的改變,現在你們知道它有多麼重要了。這就是我今天要說明的。」

停了片刻,教授又開口了。「現在,還有最後一個問題,這是個簡單的問題。」他從包裏拿出一隻新瓶子放到臺上,指著那只裝著氣球的瓶子說:「誰能把它放到這只新瓶子裏去?」

精英們看到這只新瓶子並沒有原來那個瓶子大,直接裝進去是根本不可能的。但這樣簡單的問題難不住頭腦機敏的精英們,一個高個子的中年男人走過去,拿起瓶子用力向地上擲去,瓶子碎了,中年人拾起一塊塊殘片裝入新瓶子。

教授點頭表示稱許,精英們對中年人採取的辦法並沒有感到意外。

這時教授說:「先生們、女士們,這個問題很簡單,只要改變瓶子的狀態就能完成,我想你們大家都想到了這個答案。但實際上我要告訴你們的是:一項改變最大的極限是什麼。瞧!」教授舉起手中的瓶子,「就是這樣,最大的極限是完全改變舊有狀態,徹底打碎它。」

教授看著他的聽眾,補充道:「徹底的改變需要很大的決心。如果有一點點留戀,就不能夠真的打碎。你們知道,打碎了它就是毀了它,再沒有什麼力量能把它恢復得和從前一模一樣。所以當你下決心要打碎某個事物時,你應當再一次問自己:我是不是真的不會後悔。」

講臺下面鴉雀無聲,精英們琢磨著教授話中的深意。教授收拾好自己的包,說:「感謝在座的諸位,我的報告結束了。」然後他飄然而去。

不通則變,一心求變的人要知道,變的極限是毀。用到思

維上就是不破不立。

　　學會變通地去應對工作中的困難，我們定能做到無往不利……

6

問題不是只有一個正確答案

　　工作中的大多數問題並非只有一個正確答案，它有很多正確答案。我們應該努力去尋找第二個、第三個……正確答案。往往，第二個或第十個答案才是解決問題的真正有效的答案。

　　哈佛大學的彼得·林奇教授曾給學生出這麼一道思考題：一個聾啞人到五金商店去買釘子，先用左手做持釘狀，捏著兩隻手指放在櫃檯上，然後右手做錘打狀。售貨員遞過來一把錘子，聾啞人搖了搖頭，指了指做持釘狀的兩隻手指。售貨員終於拿對了。這時候又來了一位盲人顧客……

　　問題就隨之出現了。「同學們，你們能否想像一下，盲人將如何用最簡單的方法買到一把剪子？」教授問。一個學生是這樣回答的：「噢，很簡單，只要伸出兩個指頭模仿剪子剪布的模樣就可以了。」全班同學都表示同意。教授沒有否定學生的答案。不過，他明確指出：「其實，盲人只要用口說一聲就行了。」

　　兩個答案都沒有錯，但從中卻凸顯出不同的思維方式：學

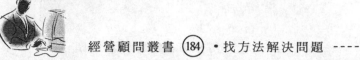

生回答問題之前，由於大腦已輸入教授提供的「打手勢」的資訊，當盲人出現時，他們便產生預見，陷入「打手勢」的心理定勢而無法跳出來；教授卻能擺脫以往經驗，打破思維定勢，以一種全新的思維方法來思考問題。

7

幾次就能解決問題

世界著名的日本本田汽車公司，曾經使用過提問創造性思維法來找出問題的最終原因，從而使問題得到根本的解決。

有一天，豐田汽車公司的一台生產配件的機器在生產期間突然停了。管理者就立即把大家召集起來，進行一系列的提問來解決這個問題。

問：機器為什麼不轉動了？

答：因為熔斷絲斷了。

問：熔斷絲為什麼會斷？

答：因為超負荷而造成電流太大。

問：為什麼會超負荷？

答：因為軸承枯澀不夠潤滑。

問：為什麼軸承不夠潤滑？

答：因為油泵吸不上來潤滑油。

問：為什麼油泵吸不上來油？

答：因為油泵產生了嚴重的磨損。

問：為什麼油泵會產生嚴重磨損？

答：因為油泵未裝篩檢程式而使鐵屑混入。

在上面的提問中，主要用「為什麼」進行提問，連續用了 6 個「為什麼」使問題得到根本解決。當然，實際問題的解決過程中並不會像上面敘述的那麼順利，但主要的思路是這樣的。

在這些提問中，若當第一個「為什麼」解決後就停止追問，認為問題已經得到解決，換上熔斷絲。這樣，不久熔斷絲還會斷，因為問題沒有得到根本解決。

在解決問題時，要多問幾個為什麼，做到「追根問底」，這樣才能使問題得到根本的解決，盡可能地消除可能的隱患。

人們在現實中都追求正確、反對錯誤，可是這種觀念卻不適合創新思維。對於創造性思考來說，如果你強烈地認同「犯錯是一件壞事」，那麼你的思維就會受到限制。犯錯是創造性思考必要的副產品，所有的思考技巧都會產生不正確的答案，但那是惟一的路。錯誤可以成為成功的墊腳石，是因為錯誤可以告訴我們什麼時刻該改變方向了。我們從失敗中、錯誤中獲得經驗教訓以及新的希望。

在 IBM 發生的一個事件，典型地體現出企業對待創新失敗的寬容態度。IBM 公司的一位高級負責人，曾經由於在創新工作中出現嚴重失誤而造成 1000 萬美元的巨額損失。許多人提出應立即把他革職開除，而公司董事長卻認為一時的失敗是創新精神的「副產品」，如果繼續給他工作的機會，他的進取心和才智有可能超過未受過挫折的人。結果，這位創新失誤的高級負

責人不但沒有被開除，反而被調任同等重要的職務。公司董事長對此的解釋是：「如果將他開除，公司豈不是在他身上白花了1000萬美元的學費？」後來，這位負責人確實為公司的發展做出了卓越的貢獻。

8

把困難當作機遇

戴高樂曾經說過：「困難，特別吸引堅強的人。只有在擁抱困難時，才會真正認識自己。」這句話一點也沒錯。

你自己努力過嗎？對於你所遭遇的困難，你願意努力去嘗試，而且不止一次地嘗試嗎？只試一次是絕對不夠的，需要多次嘗試。那樣你會發現自己心中蘊藏著巨大能量。許多人之所以失敗，只是因為未能竭盡所能去嘗試，而這些努力正是成功的必備條件。

克服困難的一個步驟是學會真正思考，認真積極地思考。任何失敗、任何問題均能通過積極思考來解決。

有一個男孩在報上看到應徵啟事，正好是適合他的工作。第二天早上，當他準時前往應徵地點時，發現應徵隊伍中已有20個男孩在排隊。

如果換成另一個意志薄弱、不太聰明的男孩，可能會因為

如此而打退堂鼓。但是這個小夥子卻完全不一樣。他認為自己應該動動腦筋，運用自身的智慧想辦法解決困難。他不往消極面思考，而是認真用腦子去想，看看是否有辦法解決。

他拿出一張紙，寫了幾行字，然後走出行列，並要求後面的男孩為他保留位子。他走到負責招聘的女秘書面前，很有禮貌地說：「小姐，請你把這張紙交給老闆，這件事很重要。謝謝你。」

這位秘書對他的印象很深刻。因為他看起來神情愉悅，文質彬彬，有一股強有力的吸引力，令人難以忘記。所以，她將這張紙交給了老闆。

老闆打開紙條，見上面寫著這樣一句話：

「先生，我是排在第 21 號的男孩。請不要在見到我之前做出任何決定。」

你想，他得到這份工作了嗎？像他這樣會思考的男孩，無論到什麼地方一定會有所作為。雖然年紀很輕，但是他知道如何去想，認真思考。他已經有能力在短時間內抓住問題的核心，然後全力解決它，並盡力做好。

實際上，人在一生中會遇到很多諸如此類的問題。當遇到問題時，一旦進行認真思考，便很容易找到解決的辦法。

李嘉誠就是善於把困難當作機遇，才造就了輝煌的一生。

1966 年底，低靡了近兩年的香港房地產業開始復蘇。

但就在此時，中國的「文化大革命」開始波及香港。1967 年，北京發生火燒英國代辦事件，香港掀起五月風暴。

「中共即將武力收復香港」的謠言四起，香港人心惶惶。觸發了自第二次世界大戰後的第一次大移民潮。

移民者自然以有錢人居多,他們紛紛賤價拋售物業。自然,新落成的樓宇無人問津,整個房地產市場賣多買少,有價無市。地產商、建築商焦頭爛額,一籌莫展。

李嘉誠一直在關注、觀察時勢,經過深思熟慮,他毅然採取驚人之舉:人棄我取,趁低吸納。

李嘉誠在整個大勢中逆流而行。

從宏觀上看,他堅信世間事亂極則治、否極泰來。

就具體狀況而言,他相信中國政府不會以武力收復香港。實際上道理很簡單,若要收復,1949 年就可以收復,何必等到現在?當年保留香港,是考慮保留一條對外貿易的通道,現在的國際形勢和香港的特殊地位並沒有改變,因此,中國政府收復香港的可能性不大。

正是基於這樣的分析,李嘉誠做出「人棄我取,趁低吸納」的歷史性戰略決策,並且將此看作是千載難逢的拓展良機。

於是,在整個行市都在拋售的時候,李嘉誠不動聲息地大量收購。

李嘉誠將買下的舊房翻新出租,又利用地產低潮建築費低廉的良機,在地盤上興建物業。李嘉誠的行為需要卓越的膽識和氣魄。不少朋友為他的「冒險」捏了一把汗,同業的地產商都在等著看他的笑話。

這場戰後最大的地產危機,一直延續到 1969 年。

1970 年,香港百業復興,地產市場轉旺。這時,李嘉誠已經聚積了大量的收租物業。從最初的 12 萬平方英尺,發展到 35 萬平方英尺,每年的租金收入達 390 萬港元。

李嘉誠成為這場地產大災難的大贏家,並為他日後成為地

產巨頭奠定了基石。

　　有人說李嘉誠是賭場豪客，孤注一擲，僥倖取勝。

　　應該說，在這場夾雜著政治背景和人為因素的房地產大災難中，前景難以絕對準確地預測。這樣說來，李嘉誠的決策有十足的勝券在握是不現實的。李嘉誠的行為帶有一定的冒險性，說是賭博也未嘗不可。

　　但是，李嘉誠的冒險是建立在對形勢的密切關注和精確分析之上，李嘉誠絕非投機家。李嘉誠在科學判斷之上冒險的膽識值得我們借鑑。他將整個地產業的災難變成了自己的機遇。

　　機會往往和困境連在一起，因此，每個創業者都希望求取勢能，只有那些通過自身的努力，創造能增強自身能量的環境，謀得有利於發展的資源，才能成就大業。

9

變危機為良機

「危機」的字面，既有「機」會，也有「危」險，從「危機」一詞的組合中我們知道：危險中往往蘊藏著新的機會。善於思考的人，往往能變「危機」為「良機」。

南宋紹興十年 7 月的一天，杭州城最繁華的街市失火，火勢迅猛蔓延，數以萬計的房屋商鋪置於汪洋火海之中，頃刻之間化為廢墟。有一位裴姓富商苦心經營了大半生的幾間當鋪和珠寶店，也恰在那條鬧市中。火勢越來越猛，他大半輩子的心血眼看毀於一旦，但是他並沒有讓夥計和奴僕衝進火海，捨命搶救珠寶財物，而是不慌不忙地指揮他們迅速撤離，一副聽天由命的神態，令眾人大惑不解。

然後他不動聲色地派人從長江沿岸平價購回大量木材、毛竹、磚瓦、石灰等建築用材。當這些材料像小山一樣堆起來的時候，他又歸於沉寂，整天品茶飲酒，逍遙自在，好像失火壓根兒與他毫不相干。

大火燒了數十日之後被撲滅了，但是曾經車水馬龍的杭州。大半個城已經是牆倒房塌，一片狼藉。不幾日，朝廷頒旨：重建杭州城，凡經銷售的建築用材者一律免稅。於是杭州城內

一時大興土木，建築用材供不應求，價格陡漲。裴姓商人趁機拋售建材，獲利巨大，其數額遠遠大於被火災焚毀的財產。

　　塞翁失馬，焉知非福。任何危機都蘊藏著新的機會，這是一條顛撲不破的人生真理。

　　能否有效地利用危機，讓危機激發出有利的一面，是成功的一大關鍵。

　　美國有位經營肉食品的老闆，在報紙上看到這麼一則毫不起眼的消息：墨西哥發生類似瘟疫的流行病。他立即想到墨西哥瘟疫一旦流行起來，一定會傳到美國來，而與墨西哥相鄰的兩個州是美國肉食品的主要供應基地。如果發生瘟疫，肉類食品供應必然緊張，肉價定會飛漲。於是他先派人去墨西哥探得真情後，立即調集大量資金購買大批菜牛和肉豬飼養起來。過了不久，墨西哥的瘟疫果然傳到了美國這兩個州，市場肉價立即飛漲。時機成熟了，他趁機大量售出菜牛和肉豬，淨賺百萬美元。

10

挫折是強者的起點

我們對人生征途上遇到的挫折，一定要加以具體的分析。有些挫折，是因為我們所選擇的方向不對，這時候我們恐怕就不能考慮將逆風化為順風的問題，而是需要重新選擇一下我們的人生之路，否則，你即使將逆風轉化為順風，也只能是距離我們的目的地越來越遠。

這時候，你需要的是調整自己的航向。

在某個地方有一家很大的農戶，其戶主被稱為耶路撒冷附近最慈善的農夫。每年拉比都會到他家訪問，而每次他都毫不吝惜地捐獻財物。

這個農夫經營著一塊很大的農田。可是有一年，先是受到風暴的襲擊，整個果園被破壞了。隨後，又遇上一陣傳染病，他飼養的牛、羊、馬全部死光了。債主們蜂擁而至，把他所有的財產扣押了起來。最後，他只剩下一塊小小的土地。

這位農夫的太太卻對丈夫說：「我們時常為教師建造學校，維持教堂，為窮人和老人捐獻錢，今年拿不出錢來捐獻，實在遺憾。」

夫婦倆覺得讓拉比們空跑一趟，於心不安。便決定把最後

剩下的那塊地賣掉一半，捐獻給拉比。拉比非常驚訝在這樣的狀況下，還能收到他們的捐款。

有一天，農夫在剩下的半塊土地上犁地，耕牛突然滑倒了。他手忙腳亂地扶起耕牛時，卻在牛腳下挖出個寶物。他把寶物賣了之後，又可以和過去一樣經營果園農田了。

第二年，拉比們再次來到這裏，他們以為這個農夫還和以前一樣貧窮，所以又找到這塊地上來。附近的人告訴他們：「他已經不住在這裏了，前面那所高大的房子，就是他的家。」

拉比們走進大房子，農夫向他們說明了自己在這一年所發生的事，並總結道：只要不吝惜財物，樂於捐獻行善，必定會倒回來的。

這位農夫的經歷告訴我們，面對挫折，決不能害怕膽怯。去做那些你害怕的事情，害怕自然會消失。狼如果因為遭遇過挫折而膽怯害怕，這個種群就不可能繼續生存下去。

人生如行船，有順風順水的時候，自然也有逆風大浪的時候。

如果你的人生一直順風順水，那該有多好啊。這種可能性不是沒有，但你卻沒有這麼好的運氣。

那麼，有沒有可能將逆風大浪變為順風順水呢？

有。這就要看掌舵的船夫是不是高明了。高明的船夫會巧妙地利用逆風，將逆風也作為行船的動力。

人生、事業的發展也一樣。如果你能始終以一種積極的心態去對待你人生中可能遇到的「逆風大浪」，並對其加以合理的利用，將被動轉化為主動，那麼，你就是人生征途上高明的舵手。

比如，你經營著一家商場，然而最近你寶貴的經營場地的門臉要被市政工程佔用為人行道，這對經營活動來說是致命的，看來，損失似乎是註定的，然而未必。

日本三越百貨公司銀座分店的經理岡田茂就遇到了這樣的困境，起初他為此大傷腦筋，但他經過仔細的分析研究之後認為：既然無法改變這一既定的事實，倒不如乾脆適應這種情景，把店面的一隅改裝成為完整的人行道。他堅持這樣做了，結果當人行通道通行無阻後，行人增加了，使店裏的貨物銷售額一下子就增加了 3 倍。

岡田茂的這種做法，與我們看見的那些總是想方設法侵佔店前通道，以擴大所謂的營業面積，結果使門前通道堵塞，迫使許多行人不得不改道而行，進而導致大幅度降低商場經營活力的做法，形成了極為鮮明的對照。

11

好思路，好人生

衝破困難離不開思維，而良好的思路能幫助你更好地發揮你的潛能。找到你內心的油田和金礦。與地球上的自然資源不同，你的「自然資源」只有當你不用時才被浪費和耗盡。

你應該盡力使自己的天賦派上用場，使你和別人都能享受因此而帶來的好處，千萬別懷疑你的能力，它似在弦之箭只待發射。用好了你的才能，你就不再是聰明而身無分文，而是既聰明又富有。

許多年前，奧克拉荷馬的一個老印第安酋長在領地上發現了石油。這個老印第安人本來貧窮而衰老，但發現石油後，他一夜之間暴富。暴富後的印第安酋長決定一改乘馬的習慣，訂購了一部最高級的卡迪拉克大轎車。

轎車在眾族人的目光中用拖車運到。酋長端詳了半天他的新坐騎，終於找到了駕駛這部轎車的方式。酋長要族人牽來兩匹馬，將馬套拴在卡迪拉克前的保險杠上，由馬匹拖著大轎車，僱了一名車夫，趕著馬前行。

酋長每天坐著這輛由兩匹馬拉著的卡迪拉克，在週邊的印第安村莊中巡視。

人飽暖而後知榮辱，有錢後的酋長又開始學英語，想要成為跟得上時代潮流的人。

他稍稍看得懂英文後，有一天心血來潮，打開那份隨車所附的操作手冊。不看則已，一看，不禁火冒三丈。

原來操作手冊上清清楚楚地寫著，這部卡迪拉克大轎車擁有 260 匹馬力。首長頓時恍然大悟，難怪他一直覺得這輛轎車雖然高級，但跑起來的速度遠不及自己以前的舊馬車，原來問題出在這裏。這輛大轎車應該附贈 260 匹馬兒來拉，才能跑得飛快。他心想：那些汽車銷售商欺負我們印第安人，做生意不老實，竟然扣下了附贈的馬匹。

稍通英文的首長立刻寫了一封抗議信，直接寄給汽車公司，要求對方賠償他應得的馬匹。

卡迪拉克公司接到這封莫名其妙的信，雖然不明白信中所指何事，但也不敢怠慢客戶，馬上派了一位專員去瞭解情況。

專員到了印第安酋長的保護區，見到了那輛保險杠上拴著兩匹馬的卡迪拉克，更是一頭霧水。首長暴怒地質問他，為什麼沒有將 260 匹馬同時帶來？

折騰了大半天，汽車公司的專員才理出了頭緒，便問酋長：「這部車的鑰匙呢？」

首長搖著頭說：「什麼鑰匙？沒見過。」

專員笑著歎氣，解下保險杠上的馬，請酋長坐在車的後座上，然後從箱中取出那部車的鑰匙，插進鎖孔輕輕一扭。引擎隆隆作響。

專員向酋長點頭致意，拉下擋位，輕踩油門，輪胎發出與地面快速摩擦的聲音，這部大轎車首次由發動機驅動，全速賓

士而去。

　　我們每個人都有與生俱來的潛能，但是許多人終其一生，也不知道如何找到鑰匙，發動引擎，全速奔向成功，所以，虛度了許多美好的時光。

　　其實，生活中許多人都犯過類似的錯誤。奧利夫‧溫德爾哈默斯說：「美國最大的悲劇不是自然資源的浪費，雖然那是很嚴重的，而是人力資源的浪費。」哈默斯先生指出，普通人總是帶著從未演奏過的樂章走進墳墓，不幸的是那些樂章往往是最美妙的旋律。

　　也許有人認為，人們一生最傷心的，莫過於窮了一輩子而臨死時在他領地上發現一口油井或一個金礦。但是，從未發現自己的潛力才是人生的最大遺憾。正如一位作家所說：「1 角硬幣和 20 美元的金幣若沉在海底的話，毫無區別。」它們的價值區別，只有當你將他們拾起並使用時才顯現出來。同樣，只有當你深刻地認識了自己並發揮你無窮的智慧時，你的價值和才能才被實現。

　　一對年輕夫婦走在鄉村小道上，看見一個老農夫，便停下來問他：「先生，您是否能告訴我這條路通向那兒？」這個農夫不假思索地說：「孩子，如果你走對了方向，它可以通向世上任何一個你想去的地方。」

12

養成遇事先找方法的好習慣

　　人和動物最大的區別在於遇到問題時，動物的反應只是本能，而一個理智的人則是對這個問題的前因後果進行分析，然後利用自己大腦中累積的各種知識，從自己以前和他人的經驗中找到類似的問題，結合目前的現實情況，通過思維的歸納演繹得到一些可能的解決方案。在確立一種可行的方法之後，再去貫徹執行。

　　作為一個成熟的人，遇事應先找方法，而不是「頭痛醫頭，腳痛醫腳」，急於完成眼前的事情。俗話說「磨刀不誤砍柴工」，找到有效的方法之後再去做事，才會省時省力，效率倍增。相反，如果你在未找到解決問題的整體方法之前，就急於動手，結果就可能是吃力不討好，甚至把事情弄得更糟。問題沒解決，反而會弄出新問題。

　　美國西方石油公司的董事長亞蒙・哈默是一位頗具傳奇色彩的人物。在西方，他是點石成金的萬能富豪，而在蘇聯，他卻是家喻戶曉的「紅色資本家」，因為他是第一個與十月革命後蘇聯合作的西方企業家，被列寧親切地稱為「哈默同志」，他又是第一個乘坐私人飛機訪問中國的西方企業家，被中國領導者

鄧小平譽為「勇敢的人」。

作為商業鉅子，哈默在很小的時候，便開始展現自己的經商天賦，並從實踐中認識到了做事首先要找對方法的重要性。

在哈默 8 歲那年，父親朱利斯的朋友孟德爾去新澤西賣水果、蔬菜時，帶上了好奇的小哈默。

來到市場，哈默對所有東西都感到新鮮，他興奮地幫助孟德爾準備開張前的每一件事情——鋪好攤位、卸貨、洗淨蔬菜、擦亮每個水果，再小心翼翼地把每一樣貨物美觀地擺好——把最大的水果、最新鮮的蔬菜擺在最顯眼的位置。這些都準備就緒後，小哈默開始好奇地東瞧西望，並很快把附近的攤位都巡視了一遍，還逐家打聽每種東西的價格。一會兒，整個市場水果、蔬菜的最新行情都裝在了他的腦子裏。他跑回孟德爾那裏，向孟德爾報告別家貨物的品質、價格，建議他趕快調整幾種產品的價格。孟德爾聽他言之有理，採納了他的建議。結果這一天的生意比平時順利很多。

孟德爾收拾好攤子後，像往常一樣，準備把剩下的東西帶回去。哈默認真地思考了一下：把這些水果帶到幾十裏外的家，第二天又帶回來，不僅耗工費力，而且第二天這些不新鮮的東西還會更難賣，十有八九要減價處理。還不如現在就低價賣掉，騰出地方，明天還可以朵拉些新鮮貨。

哈默想到這裏，於是怯生生地向孟德爾提出自己的建議，「如果你將剩下的這些商品都拉回家，那麼你拉走的就全部是虧損……」孟德爾驚奇地望著眼前這個稚氣未脫的小男孩，深深為他的經商策略折服，不停地誇他聰明能幹。

哈默從此對經商產生了極其濃厚的興趣，這種興趣成為他

日後開創自己事業的重要基礎。

　　哈默第二次經商，是在他 15 歲那年，那時他正在中學讀書。一天，在百老匯街上，他看到一輛 1910 年出廠的雙人敞篷汽車在低價出售，售價是 185 美元。這筆錢在當時相當於普通人半年的工資。哈默眼望這輛雖然有點舊，但仍光彩誘人的車子，內心裏充滿了渴望。哈默並未向父母開口要錢，他知道這筆錢的分量，不打算去自討沒趣。對於哈默來說，那種沒有希望的事，他從來不屑去做，認為不符合價值規律。

　　哈默找上了小有積蓄的哥哥，經過幾番軟磨硬泡，哈裏終於同意了弟弟借錢的要求,「但是，親愛的弟弟，你打算如何掙錢還我呢？」此時,哈默早已是胸有成竹,不慌不忙地回答:「我去找工作掙錢。」哥哥仍有些猶豫,但還是把錢借給了弟弟。

　　拿到哥哥給的 185 美元後，哈默馬上將車買來，然後便迫不及待地開著它奔往一家招工的糖果廠。

　　原來，哈默幾天前就注意到一個糖果廠招聘有汽車者運送聖誕禮品的廣告，工資一天 20 美元。

　　招工主管打量著這個半大的孩子，以及他那輛半新不舊的敞篷車，懷疑地問:「孩子，你這車那兒有地方放禮品呀？」哈默一下子不知所措，猛然急中生智──他一下子拆掉了車上所有的座位。

　　「先生您看，這下有地方放禮品了。我可以坐在糖果盒子上開車。」主管瞧了瞧哈默的小車，搖搖頭準備走開。哈默急了，脫口喊道:「先生，請等等！如果我送的貨沒有別人多，我情願一分錢不要，算我幫忙。您看這樣可以嗎？」老闆驚訝地望著這個倔強又有心計的孩子，終於被他的誠心打動，同意錄

用了哈默。兩週以後，哈默就已賺到 200 美元，很快就把哥哥的錢給還了。

這次不同尋常的賺錢經歷，使哈默總結出一條寶貴的經驗：只要採取正確策略，並且勤奮努力地工作，你便一定能夠獲得自己渴望得到的一切。

事實上，我們判斷一個人能力的高低，主要就在於他處理事情的方法。蠻幹、傻幹誰不會，但能幹、巧幹就不是一般人能辦到的了。能幹的人高明之處就在於他在遇到問題的時候，不是等待，而是積極主動地去找方法。人一旦主動起來，就能夠找到不同於別人的應對之策，因為他這種人善於思考，能夠抓住問題的關鍵，能夠避開矛盾，能夠整合資源。所以他們的方法也就有異於他人，往往能夠找到解決問題的最佳捷徑。

13

轉型——改變思維模式

人一旦形成了習慣的思維定勢，就會習慣地順著固定的思維軌跡考慮問題，就不願也不會轉個方向、換個角度想問題。這是很多人的一種毛病。

比如說看魔術表演，不是魔術師有什麼特別高明之處，而是我們的思維過於因襲習慣，囿於常規思維，所以有很多問題想不開、想不通，從而對魔術感到不可思議，佩服不已。比如魔術師把一個人放進紮緊的袋裏，然後讓其奇蹟般地出來了，人是怎麼從完好無損的布袋裏出來的呢？我們總習慣於想他怎麼能從布袋紮緊的上端出來，而不會去想想布袋下面可以做文章，下面可以裝拉鏈。平躺在桌子上的人，並不見人的身子底下有千斤頂，身子上方也不見起重機的吊繩，爲什麼會在魔術師舞動的手勢下「飛」起來，卻不曾想到在幕布的背後，觀眾看不到的地方，一台叉車正在按照魔術師的指令將表演者平穩托起。

在尋找解決問題方法的過程中，要有衝出自己的思維定勢「慣性」和「惰性」的勇氣，遇事如果換個角度、換個思路去想，往往會出現「柳暗花明又一村」的境界，會有意想不到的

收穫。

　　愛迪生有一位名叫阿普頓的學生，自以為學識豐富、才高八斗，甚至連老師的話也常不放在心上。愛迪生對此很不放心，想找個機會讓阿普頓好好認識自己的不足，養成謙謹的學風。

　　一天，阿普頓接受了老師交待的任務：測算出一隻梨形燈泡的容積。燈泡形狀並不規則，它像球形，又不是球形；像圓柱體，又不是圓柱體。即使做近似處理，也很繁瑣。阿普頓鉚足了勁，畫了一堆草圖，將燈泡進行各種形狀、部位的分割和複雜的運算，但做了很長時間也沒有滿意的結果。

　　愛迪生見到灰頭土臉的阿普頓，對他說：「你還是換種方法算算吧」。阿普頓最終還是沒有想到好的辦法，不得不求教於愛迪生，愛迪生取來了一大杯水，倒進了量筒，然後把燈泡浸泡進去。阿普頓突然意識到，量筒中水位的增加部分，無疑就是燈泡的容積了！

　　計算一個物體的體積應該用教科書上的計算方法和公式，先測量，後計算。這是阿普頓頭腦中認為「理所當然」的常識，這種常識成為他的「成見」，使他不屑於做新的發現，去尋找更好、更省時省力的計算方法了。愛迪生的做法給阿普頓上了重要一課，告訴他遇見問題不要急於按習慣的思維去處理，尤其是習慣的思維可能會帶來很大的工作量，卻不一定能圓滿解決問題時，就應該跳出固有的思維模式，去尋找另外的方法。

　　有了思維的定勢並不可怕，可怕的是不知道及時地打破它，換一種新的思維模式。當你往前走就要撞到南牆時，你就應該轉過身來，或許你看到的就是一片海闊天空。

　　不良思維模式，如僵化的思維模式，它會使人走入死胡同，

給人帶來煩惱。但是如何改變，說來容易，做起來卻是一件難事。用現代思維理論講，要改變思維僵化模式，就要培養發散思維。但是這個理論太深，如果通俗一點講，可以從二、三、四做起。那麼怎樣理解二、三、四呢？就是凡事爲二，進一步，凡事爲三，再進一步，凡事爲四……也就是當你遇到一件事情時，最低要想出二種解決辦法，並要經常進行這樣的自我訓練，熟練之後，再遇到事情時，就要從三種辦法想起……久而久之你的思維模式就會發生改變。遇到事情你就能在多種解決辦法中進行自動篩選，最終得出最佳方法。

以幫助他人爲例，從大局考慮，可選擇幫助，也可以選擇不幫助。在具體幫助過程中，又可以選擇輿論幫助、物質幫助、一般性幫助、全心全意幫助。可以單選，也可以全選。所以，一件事情有多種辦法可供選擇，關鍵取決於思維的靈活性。同時，也可以用此種方法檢驗自己的思維模式是否僵化，比如遇到事情，想不出二種以上的解決方法，那麼你的思維就處於一種僵化狀態，就需要進行自我調整。因爲「一分爲二」的辯證法已經告訴我們，凡事都有二種解決方法，這是基礎。

14

應變——用對策略做對事

進化論創立者達爾文曾說，那些能夠生存下來的並不是最聰明和最有智慧的，而是那些最善於應變的。

文明的高速發展、資訊的大量充塞和社會的日新月異使得每個人、每個企業都無法以不變應萬變。為了在這樣的環境中生存，我們唯有以變應變，根據環境的變化，對自己的處世原則和辦事方法進行修正。只有針對現實的不同情況，採取相應的策略才能順利地達成目標。

世界上唯一不變的東西是變。對付變化只有一個辦法，那就是以變制變。我們為什麼要不停的變化呢？因為現代意義上的「競爭」已經不再是一個靜態的競爭模式。競爭是動態的，因為你的對手在變，所以你的競爭優勢也因為變化而變化。

尋求變化的人才能在競爭中立於不敗之地。與對手的競爭，就是不斷地出奇招，讓對手始終感到競爭壓力而疲於應付。在拳臺上，一個人不斷出招——對招、錯招，有用的招、沒用的招，未必招招能殺人，但這一過程已構成了一股進攻的力量。「連續出招」就是在連續的變化當中，不斷地進攻對手，同時不斷地尋求對手的弱點，找到可以一招制敵的機會。「連續出招」

同時也讓對手找不到你的主攻方向,避免與對手在一個靜止的狀態下做非輸即贏的決鬥。

　　成功的人士,都是善於以變制變的人。

　　丹尼爾·洛維格出生於密歇根州的一個叫南海溫的小地方,在他 10 多歲的時候,他就隨父親來到德克薩斯州一個以航運業為主的小城亞瑟港。由於洛維格對船十分著迷,他高中未畢業,就輟學到碼頭上找了個工作。

　　洛維格從 19 歲起開始經營自己的事業,在此後的 20 多年中,他一直在航運業裏勉強糊口,做些買船、賣船、修理和包租的生意,有時賺錢,有時賠錢。他手頭的錢一直很緊,幾乎一直有債務在身,有好幾次都瀕臨破產的邊緣。

　　一直到 20 世紀 30 年代中期,年近 40 歲的洛維格才開始時來運轉。這歸功於他高明的借錢賺錢的經營方式和不斷應變的經營策略。最初,他僅僅是想通過貸款買一艘普通的舊貨輪,打算把它改裝成油輪(運油比運貨的利潤高)賣給石油公司賺錢。他找了好幾家紐約的銀行,銀行的職員們瞪著他的磨破了的衣領,問他能提出什麼擔保物。洛維格雙手一攤,他沒有值錢的擔保物,借錢只得告吹。最後當他來到紐約大通銀行時,他提出他有一艘可以航行的油輪,現在正包租給一家信譽卓著的石油公司,大通銀行可以直接從石油公司收取包船租金作為貸款利息,用不著擔驚受怕。只要這條油輪不沉,石油公司不倒閉,銀行就不會虧本。

　　銀行就按著這個條件,以尚未購置的油輪為抵押,以將來的租金為貸款利息,把錢借給了洛維格。洛維格買下那艘老貨輪,把它改裝成為一艘油輪,並將它包租了出去。接著,他又

用同樣的方法，拿它作了抵押，又貸了另一筆款子，買下了另一艘貨輪，並把它改裝成油輪包租出去。如此這般，他幹了許多年。每還清一筆貸款，他就名正言順地淨賺下一艘船。包船租金也不再流入銀行，而開始落入洛維格的腰包。他的資金狀況、銀行信用都迅速地有了很大的改進。洛維格開始發財了。

洛維格通過借錢賺錢而發了財後，在以前借錢買貨輪改裝油輪的基礎上他又有了新的想法。他想，既然可以用現在的船貸款，那麼為什麼不可以用一艘未造好的船貸款呢？

洛維格還貸的具體方式是：他先設計好一艘油輪或其他的船，但在安放龍骨前，他就找好一位願意在船造好以後承租它的顧客。然後，他拿著這張包租契約前往銀行申請貸款，來建造這艘船。貸款的方式是不常見的延期償還貸款，在這種條件下，在船未下水以前，銀行只能收回很少還款，甚至一文錢也收不回，等船下了水的時候，租金就開始付給銀行，其後貸款償還的情況，就和以前的方式一樣了。最後，經過好幾年，貸款付清之後，洛維格就可以把船開走，他自己一分錢未花就正式成為船主了。

當洛維格把自己的構想告訴給銀行時，銀行的職員們都驚呆了。銀行經過認真研究之後，採納了洛維格的構想，同意貸款。對於銀行來說，這是一個不會賠本的貸款。在安全方面來講，這個貸款受到兩個經濟上獨立的公司或個人的擔保。這樣，假設其中的一個出了問題，不能履行貸款合約，另一個不一定必有同樣的問題。所以，銀行反而認為借出的錢多了一層保障，更何況此時的洛維格早已不是以前的窮光蛋了，他不僅有大筆的財產，還有良好的及時歸還貸款的信譽。

借錢賺錢的方式，被洛維格很快地推行到他的所有事業上，真正開始了他那龐大的財富積聚的冒險過程。最初，他是向別人租借碼頭和造船廠，很快地就改為他向別人借錢，修建自己的碼頭和造船廠。這一切都給他帶來極為可觀的豐厚的利潤。加之不久又遇上了第二次世界大戰這個良好時機，他所有的造船廠都生意興隆，一直持續到 20 世紀 40 年代末。

20 世紀 50 年代，美國國內工資、物價逐步升高，各種稅收開始增多，加上美國政府的限制，在美國國內開工廠和辦航運的利潤都在逐漸下降。洛維格及時看到了這一點，把眼光瞄向了海外市場。他第一步是到日本建廠。

趁著 20 世紀 50 年代初期的日本經濟蕭條、百業待興，洛維格對日本巨型艦船的生產地——吳港進行了大規模的投資，把它作為自己的輪船製造基地。隨著他擁有的船隊的不斷擴大和業務的持續增加，他在世界各地不斷增設新的輪船公司。

洛維格善於航運經營和企業理財之道，他把大部分輪船公司註冊、設立在稅、費等較低的哥倫比亞和巴拿馬等地，以增加公司的利潤。此外，他還創立了儲蓄借貸公司，以調劑他企業王國中各公司資金的餘缺。同時，他也不斷地為他的王國開闢新的天地和經營領域。

想佔領市場，這首先取決於我們應變的能力，取決於我們對市場的發展趨勢、對競爭對手策略的洞察上，取決於我們的應對之策。微軟就是這樣一個依據市場環境和競爭對手的變化，不斷變換主打產品和經營策略而贏得成功的企業。

為了實現稱雄軟體王國的野心，比爾·蓋茨指派西蒙伊組建開發小組，研製第一個應用軟體產品——「多計畫」，進軍應

用軟體領域，也就是進入軟體零售市場。比爾·蓋茨打算將微軟從一個單純的軟體發展公司變為具備零售行銷能力的多功能公司。

為此，他請來了對軟體一竅不通，卻擅長市場行銷策劃的羅蘭德·漢森。由於有羅蘭德·漢森這樣的高手的加入，微軟公司的行銷策略已沒什麼問題，但「多計畫」軟體的發行卻不理想。因為這套軟體的設計有致命的弱點──它是以 IBM 公司64K 記憶體的電腦為標準設計的，在功能、速度上都不盡如人意。

西蒙伊後來說：「微軟公司沒有預見到人們如此迅速地接受大記憶體電腦，因而沒有使自己的產品適應這種高層的需要。它過分考慮了廣泛的適用性，因此導致運行速度大為降低，這實際上是走了一條錯誤的發展道路。」

像獵狗一樣嗅覺靈敏的比爾·蓋茨，見此招行不通，馬上把「多計畫」改名為「微軟計畫」。後來，它曾一度被用戶看好，並被《資訊世界》雜誌評為「年度最佳軟體」。但它仍然很快就被同類型產品蓮花公司的「Lotusl-2-3」取代，銷量落到暢銷軟體排行榜的前 30 名之外，並逐漸被市場淘汰。

「多計畫」軟體慘遭敗績，導致微軟公司的應用軟體一度退出市場，也使比爾·蓋茨受到強烈震動。他逐漸認識到，軟體設計這個領域乃藏龍臥虎之地，稍有不慎便會被別人甩在背後，甚至退出市場。蓋茨感到難以相信，但終於還是決定面對現實，改變競爭策略，重新奪回市場。

雖然微軟公司遭到了打擊，失去了應用軟體市場，但比爾·蓋茨手中還有一張王牌，即提供給 IBM 公司的 86-DOS 作業系

統。當然，微軟公司雖已取得 86-DOS 的所有權，但警報一直未解除。因為 IBM 公司為避免法律上的麻煩，曾答應基爾代爾教授，可能採用他的 CP/M 作業系統。因此，在 IBM 公司的「象棋計畫」公佈之前，基爾代爾教授一直在潛心設計 CP/M 軟體。

很多分析家預測：只要 CP/M-86 一出爐，立即就會擊敗微軟公司的 86-DOS。但事情的結果完全相反，最後的贏家竟是微軟公司。

在不明真相的人眼裏，認為是基爾代爾教授的 CP/M-86 進展太慢，IBM 公司等不及了。但實際上是微軟公司為 IBM 公司設計的每一個軟體，都是以 86-DOS 作業系統為基礎，它們都是在 DOS 下運行，而且也只能在 DOS 下運行。這樣，IBM 公司別無選擇，只能採用 86-DOS。當然，IBM 公司已按自己的口味將它改名為 MS-DOS。

之後，IBM 公司購下了 CP/M-86 的許可權，與 MS-DOS 同時進入市場。不過，IBM 出售的 MS-DOS 帶有兩個高級的 BASIC 版本，能夠操作用於這種電腦的所有軟體，售價只有 40 美元；當 CP/M-86 終於完成後，IBM 給它標了一個很高的價格——240 美元，這個價格只是作業系統本身的定價，還不含 BASIC 軟體。因此，它實際上不能操作任何東西。誰願意花高出幾倍的價格買這樣的產品呢？

其他軟體發展商見 CP/M-86 前景不妙，在設計軟體時，全部依據 MS-DOS，結果，他們搞出來的東西，也沒有一個能用於 CP/M-86 的，CP/M-86 就這樣無疾而終了。這樣的結果正是比爾·蓋茨希望看到的，也可以說是他應變策劃的結果。

以變應變聽起來簡單，但具體到一個企業、一個人直面變

化時，則意味著一個要承擔風險、接受變數，甚至可能是失敗。適合過去的行為方式在今天可能不再適用甚至產生危害，這時候就不得不變。如身兼柯達董事會主席、總裁的鄧凱達所說，「其實，改變不是壞事，改變往往會帶來新的機會，在變的過程中可以學到新的知識和經驗，能夠隨時把握世界經濟發展的趨勢，以便保持主動。」

我們只有不斷地去感受變化，不斷地去否定自己，不斷地採取新的應對策略，才能以變制變。

15

專注於你的解決問題

紐約中央火車站可以說是世界上客流最大的火車站之一，它的問詢處每天人滿為患。急著趕車的旅客都爭搶著詢問自己的問題，都希望能夠立即獲得答案。這對於問詢處的工作人員來說，用疲於應付這樣的詞語來形容他們工作的緊張與壓力是毫不誇張的。但這裏的一位服務人員卻表現得異常鎮靜，看起來一點也不緊張。這位年輕的服務人員，戴著黑框眼鏡，身材瘦小，一副文弱的樣子，卻獨自要面對大量缺乏耐心和混亂的旅客，讓人不禁想知道他是如何做到從容有序的。

在他的面前，是一位矮胖的中年女士，頭上戴著一條絲巾，

133

穿一件淺色的連衣裙，頭巾和裙子都已被汗水濕透，臉上充滿了焦慮與不安。「你要去那裏？」詢問處的年輕人把頭抬高，身體向前傾斜，集中精神，以便能傾聽這位女士的聲音。他透過厚厚的鏡片看著這位女士：「是的，你要問什麼？」

這時，有位穿著短袖緊身T恤，身體健壯、肩扛一個大迷彩旅行包的年輕人擠近視窗，試圖插話進來。但是，這位服務人員卻旁若無人，只是繼續和這位女士說話：「你要去那裏？」「春田。」「是俄亥俄州的春田嗎？」「不，是麻塞諸塞州的春田。」「那班車是在10分鐘之內，在第12號月臺出車。你不用跑，時間還多得很。」他根本沒看列車時刻表，就很快地告訴了這位女士。「你說是12號月臺嗎？」「是的，太太。」「12號？」「是的，12號。」

中年女士轉身離開，這位先生立刻將注意力移到下一位客人——背迷彩包的那位身上。但是，沒過多久，那位女士又回頭來問月臺號碼。「你剛才說是15號月臺？」

這一次，這位服務人員已經集中精神在回答下一位旅客的問題，不再管這位頭上紮絲巾的中年女士了。

有人問那位年輕的工作人員：「能否告訴我，你是如何工作，並保持冷靜的呢？」年輕的工作人員回答：「我並沒有和所有問詢的人打交道，我只是單純處理一位旅客。忙完一位，才換下一位。在一整天之中，我一次只服務一位旅客。

「一次爲一位旅客服務」，一次只做一件事情，猶如沙漏裏一次通過一粒沙。這樣才不會使自己陷入混亂和慌忙中，才能做好自己的工作，爲每一位旅客服務好。

1979年，諾貝爾委員會從包括促成埃以和談的美國總統卡

特在內的 56 位候選人中，把諾貝爾和平獎授予了一位除了愛一無所有的修女——特麗莎修女。

1910 年 8 月 26 日，特麗莎生於馬其頓王國斯科普里市，12 歲那年，她就立志要離家當修女，為世上不幸的人作出自己一生的貢獻。18 歲時，特麗莎修女心懷「以愛心治療貧困」的理想，從歐洲毅然來到貧窮落後的印度，來幫助那裏的窮人。她在那裏的醫院、學校、孤兒院、貧民區服務過，被稱為「貧民窟的聖人」，也被世人親切地稱為「特麗莎嬤嬤」。到 1997 年去世，特麗莎一共救助了 42000 多位被人遺棄的人，其中不少是很多人不敢接觸的麻瘋病患者。這個數字，在許多人眼中無異於是一個天文數字。

特麗莎不是富豪，因為她沒有留給自己一分錢，甚至也不去掙錢，不會募款。她住的地方，唯一的電器是一部電話；她穿的衣服，一共只有三套，而且自己洗換；她只穿涼鞋沒有襪子……

以世俗的眼光看，特麗莎修女以這種條件來幫助他人的能力應該是十分有限的，但她卻做到了讓世人震驚和欽佩。

在談到如何能創造這一奇蹟時，特麗莎說，「我能做的就是一次只愛一個」。「我從來不覺得這一大群人是我的負擔。我看著某個人，一次只愛一個。因為我一次只能喂飽一個人，只能一個、一個、一個……就這樣，我從收留一個人開始。如果我不收留第一個人，就不會收留 4.2 萬個人。這整個工作，只是海洋中的一個小水滴。但是如果我不把這滴水滴進大海，大海就會少了一滴水。你也是這樣，你的家庭也是一樣，只要你肯開始……一滴一滴。」

在別人看來是不可能達到的目標，特麗莎卻做到了。只因為她知道，要想救助更多的人，就只能把眼前這位需要幫助的人救治好了，再去救助另一位。

要幫助更多的人只能一個一個去愛，要做更多的事也只能一次把手頭這一件事先做好。完成更遠大的使命和理想也是這樣。

放棄三心二意，不要為了顯得高人一籌而去一心二用、一心多用。那樣的結果往往只是適得其反，在工作中把自己搞得疲累不堪，而且效率低下，為補救以前做得不好的事花費更多的時間和精力。

沒有人能真正做到日理萬機。想做更多的事，要想更有效率，那麼，一次只做一件事。

如果有人想知道如何做到效率最高，即在有限的時間內做好最多的事情，那麼答案很簡單，就是一次只做一件事情。

我們每天都得面對工作、生活中的各種事情和問題，它們往往接踵而來，讓人應接不暇。面對大量亟待解決的問題，我們可以把一些事情推後或交給他人，也可以對一些事情置之不理，但我們無法把所有事情都拋開，自己的事情還得自己做。人的精力是有限的，人的注意力也是有限的。一個人無法騎兩匹馬，騎上這匹，就要丟掉那匹。明智的人會把分散精力的要求放在一邊，一次只做一件事，並把它專心致志地做好，然後再去做另一件事情。

一隻小鬧鐘來到一家鐘錶店之後，很快被一隻電子錶告知，根據它 10 年的使用壽命，它至少得精確地轉上 5256000 圈才算完成自己的使命。小鬧鐘一聽就感到不知所措，並緊張萬

分地問旁邊一只有了 60 年歷史的老擺鐘，應該怎樣努力，才能完成這項難以想像的艱巨任務。望著它驚惶的樣子，老擺鐘笑了。老擺鐘平靜地告訴它——你只需要每秒鐘擺動一次。

是的，你只需要一秒鐘擺動一次，你只需要在這一秒鐘內把一件最簡單、最容易做到的事情做好，那麼 10 年也就跟 1 秒鐘一樣長，5256000 圈的使命也會如 1 秒鐘擺一次那般簡單易行了。

16

從簡單的事情做起

桑布恩先生是一位職業演講家，他曾經有一位優秀的郵差(弗雷德)給他提供最好的服務。在全國各地舉行的演講與座談會上，他都拿出這位郵差的故事與聽眾一起分享。

「我的名字是弗雷德，是這裏的郵差，我順道來看看，向你表示歡迎，介紹一個我自己，同時也希望能對你有所瞭解，比如你所從事的行業。」弗雷德中等身材，蓄著一撮小鬍子，相貌很普通，儘管外貌沒有任何出奇之處，他的真誠和熱情通過自我介紹溢於言表。

桑布恩收了一輩子郵件，還從來沒有見過郵差作這樣的自我介紹，這使他心中頓感溫暖。

當弗雷德得知桑布恩是個職業演說家的時候，弗雷德希望最好能知道桑布恩先生的日程表，以便桑布恩不在家的時候可以把信件暫時代為保管。

桑布恩先生表示沒必要這麼麻煩，只要把信放進房前的郵箱裏就好。但弗雷德提醒道：「竊賊會經常窺探住戶的郵箱，如果他們發現郵箱是滿的，就表明主人不在家，他們就可能為所欲為了。」

所以弗雷德建議只要郵箱的蓋子還能蓋，他就把信放在那裏，別人不會看出桑布恩不在家。塞不進郵箱的郵件，他就把信件擱在房門和屏柵門之間，從外面看不見。如果房門和屏柵門之間也放滿了，他就把剩下的信留著，等桑布恩回來。

弗雷德的故事，曾經打動了一個灰心喪氣、一直得不到老闆賞識的員工。他在給弗雷德的信中表示，他的榜樣鼓勵了自己堅持不懈，做他心裏認為正確的事，而不計較是否能得到承認和回報。

現在已經有很多公司創設了「弗雷德獎」，專門鼓勵那些在服務、創新和職責上具有同樣精神的員工。

弗雷德和他的工作方式，對於今天任何想有所成就、脫穎而出的人來說，都是一個最適用的象徵。

有很多人認為，自己做的是一些瑣碎的工作，沒有必要那麼認真。其實不要小看它們，更不要敷衍了事，因為人們是通過你的工作來評價你的。如果連小事都做得很潦草，別人還怎麼敢把大事交給你呢？

認真去對待工作中的每一件小事，是我們走向成功的奠基石。

　　只有在做好了每一件小事、積累了豐富的經驗之後，我們才能夠順利完成那些重大的任務。每一個人積累經驗的過程，都應該先從身邊的小事做起，並從中得到經驗。在我們工作的過程中，也是從能夠入手的小事開始，這不僅是一個條理清晰的過程，還能夠讓你從小事的成功中激發出信心來，讓你成為更堅強的人，可以培養你的鍥而不捨、永不言敗的精神。

　　羅馬不是一天建成的，泰山也不是一開始就有如此巍峨。要做大事，必須從小事做起。要成就偉業，也必須從小事做起，所謂「不積跬步，無以致千里；不積小流，無以成江海。」就是這個道理。

　　從最容易、最有把握的事情做起，先摘好摘的果子，讓自己嘗到甜頭，樹立信心，也讓自己先填飽了肚子後，再去摘難摘的果子。這並不是投機取巧，也不是避重就輕，而是一種做事的策略。當我們在摘取了一定數量的好果子之後，心裏自然會建立起一種信心，有了信心就會實現更大的目標，進而在以後的工作過程中，解決更大的問題，挑起更重的擔子。這是一個循序漸進的過程，這種由易到難地做事，能使我們熟能生巧，掌握更多、更有效的做事方法。越到後面，我們就能夠遊刃有餘，把類似的事情做得更好，也就有餘力去創新、擴展。這為我們以後在遇到難度更大的任務時，能信心倍增，沉著應付，把事做得有板有眼，不失方寸。

　　很多剛從學校畢業的業務新手，一到公司，就想做出巨額的銷售業績，一舉成名。當然有這種上進的想法固然是好事情，但由於受社會經驗、專業知識、銷售技能等因素的制約。一個業務新手，要馬上單獨運作和管理好一個縣級或者市級市場甚

至更大區域的市場，難度很大。業務新手剛剛接手業務時，只有從簡單做起，從容易做起，踏踏實實地做出點成績來，才會不讓客戶小瞧你，讓主管相信你。飯在一口一口地吃，路要一步一步地走。如果有了宏大的目標，而不去專心地去做每一件，是很難取得大成就的。所謂大成就就是由很多小成就累加起來。沒有小就成，也就談不上大成績。

積沙成塔，集腋成裘，生命不是短程賽跑，沒有人能一朝一夕就能成功的，就像野地裏的百合花不會提前綻放。那一座金字塔能用一塊石頭在一朝一夕砌成，那種傷口不是漸漸複合痊癒呢？如果你能傾注你所有的力量，沒有任何一條路會顯得太遙遠。正如胚芽通過力量的積蓄最終鑽出地面一樣，竹子需要在地下長 4 年才長到地上，然後又通過幾年，才能成為有用之竹。舉重者剛開始練習舉重的時候，通常是先從他們舉得動的重量開始，經過一段時間後，才慢慢增加重量。高明的拳擊經紀人，都是為他的拳手先安排較容易對付的對手，而後逐漸地安排他和較強的對手交鋒。我們可以把這一原則應用到任何一個地方，這個原則就是先從一個易於成功的對象開始，逐漸推展到較為困難的工作。

你必須通過持之以恆的努力逐漸地遠離平庸，才能擁有輝煌而壯麗的人生。

馬丁‧路德‧金說：「如果一個人是清潔工，那麼他就應該像米開朗基羅繪畫、貝多芬譜曲、莎士比亞寫詩那樣，以同樣的心情來打掃街道。他的工作如此出色，以至於天空和大地的居民都會對他注目讚美：瞧，這兒有一位偉大的清潔工，他的活兒幹得真是無與倫比！」

17

創新——方法的昇華

成熟、老套的辦事方法能給人帶來安全感，可以使人少犯錯誤，也少了很多麻煩，但這種循規蹈矩的人，探索不到人生的精彩，也就談不上會對人生有大的改變，並且長期採用老套的方法難免會讓人產生依賴情緒，甚至逐漸喪失進取心。同時，對於不同的人、在不同的環境，單一不變的方法肯定會受到挑戰，遇到阻力，變成一根「雞肋」。因此，我們應當因時因地對工作方法加以改進。有創新，才有發展，一旦你有了創新，那麼你就迸發出無窮的魅力，成為一個受尊重、受歡迎的人。

今天廣受歡迎的《生日歌》就是一個通過創新，化平凡為神奇的例子。

19 世紀末年，在美國的一個小城鎮裏，有一對親如手足的姐妹，每天早上，妹妹希爾和姐姐米爾徹特都會照例互致問候「祝你早安！」(Good morning to you)。姐妹兩人都是都富有音樂修養的教師，她們彼此的對答不像日常語言那樣的平直，而是根據語言的節奏和聲韻，把它們音樂化了，實際上就變成了兩個有起有伏上下對應的樂句。

一天，姐妹兩人突發奇想：「何不把咱們早晨的請安發展成

141

一首曲子呢？」她們把早晨的問安衍化成了一首簡單的曲子，名為《況你早安！》，並在報刊上發表。但一開始，人們還體味不到它的魅力，對它的反應很淡漠，沒有多少人唱它。後來，姐姐米爾微特又另出新意，改換了它的歌詞，修改了它的曲調，以《祝你生日快樂》(Happy birthday to you)作歌名，於 1893 年定版，重新發表。

這一改，一下撥動了人們的心弦，引起了廣泛的共鳴。人們覺得它通俗親切，好聽易唱，人們一下就喜歡上了它，幾年間便傳遍美國。接著又漂洋過海到其他國家，越唱越火，愈傳愈遠，遂成為一首全世界最流行的歌曲，成為國際通行的生日歌。

今天輝煌燦爛的 NBA，並非一開始就這樣率動人心、日進鬥金，而是經過 50 多年的一代代 NBA 球員和商業高手們的不斷創新、發展。對籃球規則的創新、球員技術的創新、經營理念的創新等貫穿於 NBA 的發展的始終。

保羅·阿裏金是籃球史上，特別是 NBA 歷史上的一個重要人物，他的一些籃球技術已經顯現出現代籃球技術的雛形和發展趨勢。50 年代初期的籃球賽和我們今天看到的 NBA 完全不同。那時進攻節奏緩慢，隊員多是雙手胸前投籃。1950～1951 年賽季，阿裏金跟隨費城勇士隊加入 NBA 比賽，他的跳起投籃被譽爲籃球場上的「新式武器」。第二年，這位身高 1.94 米的小夥子便以平均每場得分 25.4 分的戰績奪得了 NBA「得分王」稱號，當時 NBA 中只有爲數很少的人能夠掌握跳投這種新技術動作。

阿裏金的投籃不但能夠跳起，而且命中率還不低。他還可

以很自如地控制球，可以在跳起時有一定的滯空時間，另外他還是一個非常難纏的防守專家。因此他得到一個「能幹的保羅」的外號。在當時的 NBA，他就是一個原始版的「飛人喬丹」。

80 年代的詹姆斯‧沃西尤如一股強勁的旋風竄天而起，然後像閃電一樣直劈籃筐。在那個時代的洛杉磯湖人隊裏，這是最讓觀眾發狂的場面。如果沒有沃西的衝鋒式扣籃，「魔術師」詹森的神奇傳球就會減色一半。

NBA 的卡裏姆‧阿卜杜勒‧賈巴爾，他在 NBA 的 20 年的征戰中給後人留下了一大摞至高無上的紀錄。特別是他那優雅犀利的側身勾手投籃更成爲 NBA 史上「前無古人，後無來者」的絕唱。「天鉤」的雅號在全世界的籃球愛好者中人人知曉。

90 年代「飛人」喬丹又將籃球技術帶入了一個新境界。這位僅有 1.98 米的籃球奇才的淩空飛翔，將籃球帶入了一個夢幻和神話的境界，任何語言文字都無法傳神地表達這位巨星在籃球場的所作所爲。如果說當年張伯倫是上帝派到人間的籃球之神，那麼用「大鳥」伯德的話說「喬丹就是穿著芝加哥公牛隊 23 號球衣的上帝本人！」

經過一代代球星們的創新，籃球才迸發出了今天無窮的魅力。而我們做任何事業也只有不斷地創新，才會有發展。特別是在工作中，我們更應該去創造性地工作。我們走入一個單位常常會聽到老闆會說這樣一句話：「用你的腦子去工作，而不是用你的手。」正是這句話激發出了我們無窮的創造力。這種創造力，使我們每每遭遇困境的時候，總能柳暗花明，生機重現。

創造性的工作一是可以提高工作效率，起到事半功倍的作用，二是能激發我們無窮的智慧和力量。

要創造性地工作首先要勤於思考。善於思考是我們辦事的資本，也是事業有成的有力保證。這就要求我們每天必須著眼研究自己的工作，每天都應該想想那些方面的工作還做得不夠好，有什麼新的辦法運用到自己工作中去等等。

我們應該堅持思考，堅持每天用一定的時間動腦筋、想辦法、搞創新。開始的時候，我們提出問題和想出的辦法不一定高明，這種情況是正常的。絕不能因此而喪失信心，甚至不繼續想下去。要知道當我們開動腦筋想問題時，思維能力就得到了提高，你的下一次創新就有了提高的可能。

一位年輕人找到了他的第一份工作，在一家生產電暖氣的公司做銷售。

每年一過 10 月份，電暖氣就到了銷售的旺季。在這年 9 月初的時候，他的部門經理拿回了彩印的廣告單，每份造價近 7 毛錢的廣告單精緻華美。但這個年輕人卻在懷疑，這廣告單往眾多的廣告單中一丟就不顯山不露水了。在這個資訊幾近爆炸的年代，這樣一份面目普通而且雷同的廣告究竟能引起顧客多大的關注、能有多高的送達率呢？他開始苦思冥想，參照國外一些品牌企業的廣告經驗，詳細擬出一份新的廣告設計，並找做設計的朋友利用休息時間將其製作出來。

他的設計是這樣的，利用明信片的形式分做兩步進行：9 月份先給顧客寄出第一次明信片，明信片上畫一個電暖氣，穿著泳衣，戴著太陽鏡，躺在沙灘椅上曬太陽，臉上笑嘻嘻的樣子，嘴邊勾小一條線，線的另一端系著一張紙片，紙片上寫著：「現在我在度假。盼下個月能與你相見。」10 月份再寄出第二次明信片，這回的明信片上，電暖氣穿了羽絨衣戴了圍巾，拎

著公文箱，匆匆趕路的樣子，旁邊寫著一句話：「沒有誰比我更能帶給你溫暖，我已整裝待發，打電話給我吧。」這句話末尾便是銷售熱線電話號碼。

年輕的銷售員認為，不是誰都會花時間讀信箱裏成堆的廣告，但是每個人都會有時間和興趣看一張明信片。於是他就將自己的想法、創意意圖以及做出的明信片樣品一併交給了銷售總監。

幾天後，適逢銷售部開業務擴大會，公司老闆以及各部門負責人一同出席參加。會上，銷售總監拿出了年輕的銷售員設計的明信片讓大家傳看，很快會議室裏便爆發出一陣笑聲。年輕的銷售員忐忑不安地將他的想法敍述了一遍。

就在這時，公司老闆拿著傳到他手中的兩張明信片站起來，走到他的座位旁，真誠而莊嚴地向他致謝，「謝謝你，作為一個新員工，你想到了許多老員工從來連想都沒想過的事情，這一點非常難能可貴。另外，你動用個人的關係為公司做事，這一點也讓我感動。你的設想很好，我們鼓勵創意，如果有人能為你的創意發「笑」就被視為成功，如果沒人笑，說明你的設想做得太保守了。想一下飛機的發明，當時人們一聽說造一個會飛的機器，反應肯定是哄堂大笑。」

創新就是這樣，當你不滿足於已有的方法時，就應該從不同的角度對它加以改進，使它更適合新的環境和要求。因為，一個高速發展的社會，人們對生活品質、對產品的要求是不斷更新和提高的。而在一個工業化的社會，在一個物質產品標準化的社會，人開始追求個性化，追求創新變成了每個人、每個企業的生存理想和手段。

18

「問題」只怕「方法」

當我們遇到問題，一籌莫展時，千萬不要懈怠，更不能坐以待斃，要積極行動起來。方法總比問題多，世上沒有趟過不去的流沙河，也沒有翻不過去的火焰山。

面對問題，首先應該冷靜地思考我們面對的問題，分析它的來龍去脈和問題的構成，注意每一個細節，找到每個可能使問題迎刃而解的突破口。

在西班牙曾經發生這樣一起劫案。西班牙的富商納爾的女兒，5 歲的露絲，在上學途中被 3 名匪徒劫走。數小時後，納爾的家人接到電話，匪徒勒索 1000 萬美元。

納爾非常著急，急切地想去贖回自己的女兒，但一時之間，他只能籌到 300 萬美元的現金。納爾沒有辦法，只得求助警方，而警方也一時未能得到任何有力的線索。隨著時間的推延，一家人對露絲的安危越發擔心。

情急之中的納爾突然急中生智。他想起歌星妻子的最新唱片，那唱片封面上妻子照片中的眼睛，反映出了攝影師的影像。於是，他有了一個主意。當他再次接到匪徒電話時，立即要求他們拍攝女兒的照片，證實她仍然活著。

　　不久，納爾收到歹徒給女兒拍的照片後，交給了警方。警方立刻請攝影專家利用精密儀器，將露絲的眼睛放大，果然從中看出匪徒的相貌，知道了這個匪徒平日出沒的地點。於是，為時 12 天的綁架案得到突破進展，警方根據這個線索，終於破了此案，使露絲成功得救。

　　問題看不見，摸不著，好像空氣一樣縈繞在我們週圍。可以這樣說，生活本身就是不斷遇到、發現並不斷地解決問題。每當我們遇到棘手的問題，總覺「山窮水盡疑無路」時，只要你堅信，解決的方法總比問題多，那麼你肯定會有「柳暗花明又一村」的驚喜。

　　每一個問題總有解決它的方法，方法總比問題多，我們不能把問題變得越來越複雜，而應把問題變得越來越簡單。

　　不要被突然而來的問題嚇倒，也不要為看似複雜的事情焦慮。是問題，就一定有解決問題的方法，問題多，解決方法更多，同時你還要善於從眾多的方法中找到解決問題的最佳方法。

　　在工作中，我們經常會遇到一些無法迴避，卻一時難以解決的問題。這些問題往往接踵而至，讓我們手足無措，無法一一請示上級該如何落實執行，更無法推託、逃避。作為一個下層執行者，我們應該做的只是服從和執行，而且應該自覺自願地把每一件老闆交待的事、自己應該做的事做到、做好。

　　很多時候，老闆並不是不知道他交給我們的任務是一個費時費力，而且很可能是一件吃力不討好的事，但老闆不可能把這樣的事情留給自己，而是希望我們付出智慧和努力來為他分憂解難。

　　這是一個挑戰，同時也是一個非常好的表現機會。一個睿

智的人會看到困難，但更會看到磨礪給自己帶來的成熟和超越平凡的可能，看到成功的階梯。我們想脫穎而出，就應該做到別人做不到的；別人能做到，我們要做得更好。車到山前必有路，而且我們應該相信：不僅山前有路，而且還會有很多路，只是它們隱藏在草叢中、河溪旁、岩石後……我們應該相信，路很多，但與此同時我們要善於去發現，並找出最佳的路徑。

有這樣一個笑話：

幾位來自不同國家的商人正在一艘船上開會。突然，船出現了漏洞，開始下沉。船長命令他的副手去叫這些商人趕快穿上救生衣，跳到水裏逃生。但幾分鐘後，副手卻回來報告，那些商人並不聽從他的勸告和指揮，沒有一個人願意往下跳。

船長思考了一會兒，便對副手說，「你來接管這裏，我去看看能做點什麼。」一會兒船長回來說：「他們全部都跳下去了。」

副手非常奇怪，「你是怎麼讓這樣一群來自幾個國家的人都聽了你的話的？」船長回答，「我沒有一個辦法能讓所有人都聽從指揮，但我想不同國家的人應該相應採取不同特點的勸說方法。我運用了心理學，我對英國人說，那是一項體育運動，於是他跳下去了。我對法國人說，那是很瀟灑的，對德國人說那是命令，對義大利人說，那不是被基督教所禁止的。」

「那您是怎麼讓美國人跳下去的呢？」副手補充了一句。

「我對他說，他已經被買了保險。」船長笑著回答道。

19

找到問題的癥結——抓住關鍵點

　　任何問題都有一個關鍵點，那就是「能牽一髮而動全身」的地方。這個地方的最大特點是一切矛盾的彙集處。抓到「牽一發動全身」的地方，解決了它，其他的問題就會迎刃而解。

　　1933 年 3 月，羅斯福宣誓就任美國第 32 任總統。當時，美國正發生持續時間最長、涉及範圍最廣的經濟大蕭條。就在羅斯福就任總統的當天，全國只有很少的幾家大銀行能正常營業，大量的現金支票都無法兌現。銀行家、商人、市民都處於恐慌狀態，稍有一點風吹草動將會導致全國性的動盪和騷亂。

　　在坐上總統寶座的第 3 天，羅斯福發佈了一條驚人決定——全國銀行一律休假 3 天。這意味著全國銀行將中止支付 3 天。這樣一來，高度緊張和疲憊的銀行系統就有了較為充裕的時間進行各種調整和準備。

　　這個看似平淡無奇的舉動，卻產生了奇蹟般的作用。

　　全國銀行休假 3 天后的一週之內，佔全美國銀行總數四分之三的 13500 多家銀行恢復了正常營業，交易所又重新響起了鑼聲，紐約股票價格上漲 15%。羅斯福的這一決斷，不僅避免了銀行系統的整體癱瘓，而且帶動了經濟的整體復蘇，堪稱四

兩挑千斤的經典之作。

　　羅斯福用這樣一種簡單方法就能力挽狂瀾，而且產生了立竿見影的效果，就是因爲他一下抓住了銀行——整個「國家經濟的血脈」所存在的問題，抓住了整個經濟中最重要的問題，並選擇了一個最簡單易行的方法去解決了。

　　當時，美國正好出現了遍及全國的擠兌風波。銀行最害怕擠兌，因爲一出現擠兌，人們就會對銀行和金融體系喪失信心，一旦對金融體系喪失信心，就會加劇人們的不安，導致擠兌潮的惡性循環。在這樣的形勢壓力下，所有銀行就像被捲入漩渦一樣，被擠兌風波逼得連喘一口氣的時間都沒有。所以，羅斯福對經濟形勢深刻分析之後，採取果斷措施，用休假三天來讓銀行整理好正常的工作思路，做好應對各種危機的準備。同時，採取多種措施進行宏觀調控。銀行的危機處理能力得到增強，人們的信心也開始恢復，問題就得到了逐步解決。

　　要解決問題，首先要對問題進行正確界定。弄清「問題到底是什麼」，就等於找準了應該瞄準的「靶子」。否則，要麼是勞而無功，要麼是南轅北轍。

20

讓思維試著「逆行」

從先到後是常理、從因到果是正常方向。而逆向思維是從反面、反向探究和解決問題的思維方法。

有時候,問題涉及的方面太多,事情發展的方向難以把握,從正面解決十分困難,這時進行逆向推導的嘗試,可能就會使問題迎刃而解,產生出乎意料的結果。

「電磁鐵」的發現引起了自學成才的英國青年法拉第的強烈興趣。通過反覆的試驗,他想既然通電可以產生磁鐵,那麼反過來,電磁鐵能不能產生電呢?能不能通過這樣的方法產生一種人類可以控制的能量呢?

在這樣的思維導引下,他開始反覆試驗。經過幾年的嘗試、改進,他用一塊圓形磁石插入繞有銅絲圈的長筒裏,產生了人類自己創造的第一股電流。根據他的發現,法拉第不久便製造了世界上第一部發電機。

逆向思維不僅教人從果到因進行思考,還引導人們對不良的後果進行思考,讓人們換一種方式思考問題——「塞翁失馬,焉知非福」,我們如果不拘泥於常規思維的限制,對結果「認死理」、「吹毛求疵」,我們不僅可以得到心靈的解脫和放鬆,還將

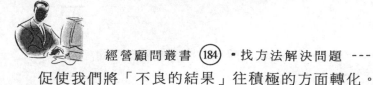

促使我們將「不良的結果」往積極的方面轉化。

鮑比是美國新墨西哥州一位的果園主，一次突降冰雹，將他即將收穫的蘋果打得傷痕累累。果農和家人都唉聲歎氣，鮑比也一籌莫展。突然，鮑比靈光一現，有一個絕妙的主意。他馬上按合約原價將蘋果輸往全國各地，與往日不同的是每個蘋果箱裏都多了一張小紙片，上面寫著：親愛的顧客們，這些蘋果個個受傷，但請看好，它們是冰雹留下的傑作——這正是高原地區蘋果特有的標誌，品嘗後你們就會知道什麼是高原蘋果所特有的。買主將信將疑地品嘗後，都禁不住個個喜形於色，他們真切地感受到了鮑比所說的，高原地區蘋果特有的風味。結果，鮑比這年的蘋果比以往任何一年都賣得要好。

很多時候，只從一個角度去思考問題，很可能進入死胡同，因爲當堅持這樣下去的結果只會是誇大其中一個因素，而忽略了其他因素，從而「被螞蟻絆了腳」，導致了「意想不到」的困難。一如我們做人，如果我們將心比心，以寬己之心恕人，從別人的感受和想法出發，我們就能變得大度，人與人之間便會有了溝通和交融。而我們在與客戶溝通的時候，如果能想人所想、急人所急，那麼我們的業績和成功也將指日可待。

一家電腦公司推銷員李復興非常苦悶——自己推銷電腦時口若懸河，談論產品的性能如何如何好，客戶們反而一個個都不吭聲。電腦推銷不出去，這日子怎麼過？

當他垂頭喪氣地走進一家餐廳，悶悶不樂地取過酒自斟自飲時，突然，鄰桌上發生的一件趣事，把他吸引住了。

鄰桌的一位太太正帶著兩個孩子吃午餐，那胖乎乎的男孩什麼都吃，長得結結實實的，那瘦瘦的女孩皺著眉頭，舉著雙

筷子將盤子裏的菜翻來撥去，看來是個挑食的孩子。

那位太太有些不開心，輕聲開導小女孩：「別挑食，要多吃些菠菜，不注意營養怎麼行呢？」連說了三遍，小女孩偏將嘴巴撅得老高。這位太太漸漸滿臉怒容，反反覆複以手指叩桌面，卻一點辦法也沒有。

李復興喃喃自語：「這位太太的菠菜跟我的電腦一樣，『推銷』不出去了。」正說話間，一位年輕服務員走近那女孩，湊著她的耳朵悄悄說了幾句話。一會兒那女孩馬上大口大口地吃起菠菜來，邊吃邊斜視著哥哥。

那太太很納悶，把服務員拉到一邊問：「您用了什麼辦法，讓我那強丫頭聽話？」

服務員和顏悅色地說：「馬不想喝水的時候，得先讓它吃些鹽，它口渴了再牽去喝水。我剛才對妹妹使用的激將法：『哥哥不是老欺侮你嗎？吃了菠菜，長得比他更胖更有力氣，他還敢碰你嗎？』」

旁觀的李復興暗暗稱絕，回想到自己的電腦推銷，他一下子明白了問題的所在。他想到了自己明天的表現，大聲在心裏為自己叫好。

第二天，他叩開一家飲料公司採購部負責人辦公室的門。

李復興不再滔滔不絕地自我吹噓，而是微笑著問：「先生，貴公司目前最關心的是什麼？最近您有什麼煩心的事？」

對方歎了口氣：「承蒙先生這麼關心，我就直說了吧，我們最頭痛的問題，是如何減少存貨，如何提高利潤率。」

李復興馬上回到電腦公司，請專家設計了一整套方案——如何使用自己公司的電腦，使飲料公司存貨減少，利潤率增加。

　　第二天，李復興再度去拜訪飲料公司採購部負責人，邊出示那套方案資料，邊熱情地介紹：「先生，真的，這麼做了，你的苦惱就沒了。」

　　那採購部負責人忙翻開那些資料，立刻喜上眉梢：「太感謝您啦。資料留下，我要向上級報告，我們肯定要購買您的電腦。」

　　後來，他果真採購了一大批電腦，成了李復興眾多的客戶之一。而李復興也逐漸有了自己的電腦公司。

　　李復興的成功在於他對自己以前推銷方法的改變。以前他總是想如何能讓顧客買自己的電腦，顧客能為自己做什麼。現在他換了一個方向考慮問題，從解決我能為顧客做什麼，顧客為什麼要買我的電腦這樣問題開始自己的推銷工作，他由此贏得了成功。

　　逆向思維教給人的不僅是一種有的放矢的求解方法，更重要的是教人學習從「被執行者」的角度考慮問題，比如我們的老闆、我們的客戶、我們身邊的人。如果在工作中、在生活中都能站在他人的位置上反向思維，那麼我們將會有一個良好的心態、融洽的環境。當所有人都成為自己的朋友時，成功自然不是問題。

21

堅韌才能笑到最後

　　達成理想的目標，無疑是大多數人夢寐以求的。於是千軍萬馬向目標挺進，但是真正到達成功巔峰的人總是爲數不多。其主要原因，就在於我們大多人沒有持之以恆地向自己的目標挺進。

　　成功從來就不是一條坦途。在理想和現實之間，還有太多的「不可能」的事情在挑戰我們的勇氣和信心，有太多的未知使我們的心智感到惶惑不安，也有一些更容易實現的「變通」讓我們動搖，還有無法預期的成功距離讓我們無望和退縮。

　　孫中山說：「人不唯有超世之才，亦必有堅韌不拔之志。」

　　從古至今，欲成大器者無不是面對無數的考驗，時間的煎熬，仍然矢志不移的。成功者與失敗者的最大區別就在於對目標頑強的意志力。強者能用頑強的意志戰勝困難，而弱者總是被困難所戰勝。

　　多少世紀以來，天花是死神忠實的奴僕。它的黑影在那裏出現，那裏就會十室九空，那裏就會哀聲不絕。人們對它毫無辦法，只能束手待斃。而戰勝天花病毒的愛德華・琴納醫生則像勇士一樣和人類的死敵進行了頑強的搏鬥，用畢生的精力換

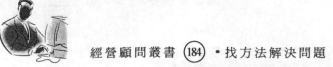

得了人類的幸福和安寧。琴納醫生曾說過:「天花再可怕,我也要戰勝它!」但事實上,琴納要面對的不僅是可怕的病毒,還有許多世俗的偏見和愚蠢。

在戰勝天花這條路上,琴納歷經了無數坎坷,他的許多同伴不但不幫助他,而且還諷刺他是一個無知的瘋子;他的許多重大發現不但不被醫學會所承認,還要因此把他開除出學會。而琴納醫生則以其堅韌的品質支撐著自己,不顧同行的嘲笑,學會的威脅,堅持不懈地尋找戰勝天花的方法。在牛痘實驗中,琴納醫生度日如年。但不論遇到多大困難,琴納都以他的堅韌和智慧突破了一個個關口。最終以科學真理和事實說服了反對自己的人。琴納用自己堅韌不拔的意志戰勝了天花病毒,挽救了無數人類的生命,成為名垂青史的醫生。

這個世上只有兩條路能通往成功的目標並成就偉大的事業,那就是權力和堅韌。權力並不屬於大多數人,它是少數人的特權;然而,即便是最不起眼的小人物,也可以擁有吃苦耐勞的堅韌品質。堅韌從來不負眾望,因為它沉默的力量將隨著時間的推移一天天壯大,直到所向披靡無以抗拒。

在耶魯大學上學期間,弗雷德·史密斯(Fred Smith)產生了一個創新性的航空貨運理念,他認為這個想法必然會使我們發送和接受郵件包裹的方式發生翻天覆地的變革。於是,在經濟學課程的期末論文中,史密斯提出了自己的想法。這個天才的想法最終得了幾分呢?滿分嗎?結果令人傷心,教授打回了史密斯的論文,封面上有一個紅筆寫的碩大的「C」:「理念很有趣,也很嚴謹,但是,如果你想得到高過 C 的成績的話,就不要寫這些不可行的事情了。」成績雖讓人沮喪,但是,史密斯

始終堅持，並終於募集到了 7200 萬美金的貸款和證券投資。幾經挫折和失敗，並在頭幾年的經營中遭受了巨大的損失，1975年，史密斯終於迎來了近 2 萬美元的盈利。史密斯的堅韌不拔終於有了回報。今天，他的富有遠見的公司在全世界 210 個國家中開展業務，員工超過 14 萬名，日處理郵件量超過 300 萬件。作為聯邦快遞公司(Federal Express)的創始人和首席執行官，弗雷德·史密斯的堅韌和對夢想不懈的追求，終於在自己「不可行」的想法基礎上開創了一個價值 70 億美元的跨國企業。

堅韌的毅力和精神的磨礪是成功的必要素質和代價，而失敗則是放棄的唯一答案。

一位高中橄欖球隊的教練，試圖激勵自己的球隊度過戰績不佳的困難時期。在賽季過半的時候，他站在隊員們面前訓話：「邁克爾·喬丹放棄過嗎？」隊員們回答道：「沒有！」

他又提高聲音，喊道：「懷特兄弟呢，他們放棄過嗎？」「沒有！」隊員再次回答道。

「約翰·艾威扔過毛巾嗎？」隊員們又一次高聲回答道：「沒有！」

「那麼，埃爾默·威廉姆斯怎樣，他放棄過嗎？」

隊員們長時間地沉默了。終於，一位隊員鼓足勇氣問道：「埃爾默·威廉姆斯是誰呀？我們從來沒有聽說過他。」教練不屑地打斷了隊員的提問：「你當然從來沒有聽說過他，因為他放棄了！」

不論我們的目標是什麼，也不論我們的目標是不是成為職業運動員，發明某項新產品，或是開創一家數百萬美元的公司等等那樣的遠大目標，還是那些諸如減肥 10 斤，或是清償信用

卡的負債等等的「渺小」目標，只要我們一直向著目標前進，「堅持、堅持、再堅持」，就一定能抵達最後的成功。

美國總統亞伯拉罕 • 林肯(Abraham Lincoln)是一個足以令所有出身貧困而自卑者、一蹶不振者感到羞愧的典型，他以自己的堅韌不拔和永不言敗，在自己被命運之神抽了無數的耳光後，狠狠地回敬了一拳。他是當之無愧的美國總統和精神領袖。

1831 年，林肯生意失敗；1832 年，競選州立法委員失敗；1833 年，再一次嘗試做生意失敗；1835 年，未婚妻不幸去世；1836 年，患上神經衰弱症；1843 年，競選國會議員失敗；1848 年，再度競選國會議員失敗；1855 年，競選參議員失敗；1856 年，競選副總統失敗；1859 年，再次競選參議員失敗。

1860 年，當選美國第 16 屆總統。

堅韌到底可以讓我們得到什麼？亞伯拉罕 • 林肯就是例子。正是他的堅韌，改寫了歷史，也讓歷史記住了他的名字。成功與失敗之間的差別，常常就在於我們堅韌的能力。

許多人最終沒有成功，不是因為他們能力不夠、誠心不足或者沒有對成功的熱望，而是因為缺乏足夠的堅韌。這種人做事往往虎頭蛇尾、有始無終，做起事來也是東拼西湊、草草了事。他們總是對自己目前的行為產生懷疑，永遠都在猶豫不決之中。有時候，他們看準了一項事業，但剛做到一半又覺得還是另一個職業更為妥當。他們時而信心百倍，時而又低落沮喪。這種人也許可能短時間取得一些成就，但是，從長遠的人生來看，最終還是一個失敗者。

22

做問題的終結者

說到底，方法就是為了解決生活中、工作中、思想中的各種問題，解決如何成功及成功過程中的問題。

我們尋找方法，就是為了讓問題終結，讓問題不再糾纏我們。通過有效、對路的方法，讓問題得到及時的解決。我們時常遇到各種讓我們心煩意亂、百思不得其解的心理問題，但如果我們掌握了一種正確的方法，那便如找到了能將愁緒立馬斬斷的快刀，就像將山洞的陰霾一掃而光的一縷陽光；我們也可能一直在為如何成功絞盡腦汁、不知所措，甚至怨天尤人，但如果我們找到了適合自己的一種正確方法，就如同找到一把開啟成功之門的鑰匙，一句坐擁無數寶藏的阿裏巴巴的神奇咒語。

終結問題正是我們找方法的目的。

有個年輕人，適逢兵役年齡，參軍後被安排在最艱苦的兵種——海軍陸戰隊中服役。年輕人為此整日憂心忡忡，幾乎到了茶不思、飯不想的地步。深具智慧的祖父，見到自己的孫子這副模樣，便尋思要想個方法，好好開導他。

祖父便問：「孩子啊，你在擔心什麼呢？」

年輕人回答道：「不知我這一去會遇上什麼事情，會有什麼

後果,我擔心!」

祖父微笑著說:「孩子啊,沒什麼好擔心的。當了海軍陸戰隊,到部隊中,還有兩個機會,一個是內勤職務,另一個是外勤職務。如果你被分派到內勤單位,也就沒什麼好擔心的了!」

年輕人問道:「若是被分派到外勤單位呢?」

「那還有兩個機會,一個是留在本島,另一個是分派外島。如果你分派在本島,也不用擔心呀!」

年輕人又問:「若是分發到外島呢?」

「那還是有兩個機會,一個是後方,另一個是分派到最前線。如果你留在外島的後方單位,也是很輕鬆的!」

年輕人再問:「若是分派到最前線呢?」

「那還是有兩個機會,一個是站站衛兵,平安退伍;另一個是會遇上意外事故。如果你能平安退伍,又有什麼好怕的!」

年輕人還是不放心,問:「若是遇上意外事故呢?」

「那還是有兩個機會,一個是受輕傷,可能送回本島;另一個是受了重傷,可能不治。如果你受了輕傷,送回本島,也不用擔心呀!」

年輕人最恐懼的部分來了,他顫聲問:「那……若是遇上後者呢?」

祖父終於大笑了起來:「若是遇上那種情況,你人都死了,還有什麼好擔心的?倒是我要擔心,那種白髮人送黑髮人的痛苦場面,可不是好玩的喔!」

年輕人一聽頓時覺得全身一輕,仿佛卸下了一副千斤的擔子一般。聽了祖父的最後一句話他反覺得不好意思了——「是啊,要是我真的發生什麼不幸,我是一了百了了,但真正難過

的是家裏人呀！」

　　年輕人憂慮的是參加最辛苦、最危險的兵種後可能出現的種種問題。祖父正是抓住了孫子的心理癥結，知道他的憂鬱來自不加分析的擔心。如果要分析祖父對問題的處理方法，可以算是「窮舉法」。就是把所有可能發生的事情都具體地分析一遍，分析每一個階段的可能性，每種可能性的後果。結果，一經分析，所有擔心灰飛煙滅，所有問題也就不成爲問題了。

　　也許有人會說，心理的問題只要聽一聽、學一學，多少都能讓自己有所收穫，多少有所裨益，因爲這畢竟是憑心理調節、個人思考就能辦到的事情。只要我們找到正確的方法，就能調動各種資源，爲我所用，讓這些問題不再是問題。

　　不要爲問題發愁，有問題自然有解決的方法──船到橋頭自然直。有了方法，很多問題都不再成爲問題。

　　問題很多，可能永遠都不會停止出現。但對於善於找方法的人而言，問題永遠只是露珠，在方法的陽光照射下，不久便將無影無蹤。

　　找方法就是讓我們遇到的問題，上級交給的問題到此爲止，讓我們成爲問題的終結者，成爲生活的強者，單位的脊樑。

　　生命給予每個人的時間並不多，不要爲一些看似複雜和無計可施的問題耗費時間、虛度生命，而應該去積極尋找對路的方法，做問題的終結者，用正確的方法讓問題到此爲止。

23

把問題變成效益

　　人們常說問題既是挑戰也是機遇，因為如果做好了充分的心理準備，有了應對的方法，我們往往可以沉著應戰，將事情的發展引入自己設計好的軌道，或者將問題控制在自己能夠掌握的範疇中來。而一旦問題得到解決，特別是我們解決了別人沒能解決，或者解決得不夠圓滿的問題，我們便能贏得別人所沒有的尊重和效益，同時，我們還擁有了一種成功者的心態和成功經驗。

　　公司運營和我們個人工作的各個方面，比如人事、行政、管道、財務等等，最終落腳點是為了創造效益——經濟效益和社會效益。

　　問題之所以是問題，就是因為它阻礙了效益的產生，甚至導致了效益的流失，成為了某種不得不付出的開支。我們解決問題就是為了使一些開支省去，截斷效益的流失。

　　為了解決問題，避免可以削減、消除的開支，甚至將某些問題化弊為利，成為我們的效益新來源，就必須開動腦筋想方法。讓方法將問題變成效益。

　　方法是能夠創造效益的。當我們做事的時候，不斷開動腦

筋，不斷地對事情的各個方面、各個階段朝著「如何才能不虧本，如何才能有利可圖，如何才能創造更多效益」這樣的方向進行改進和選擇，挖掘一切可能潛在的效益，我們才能使新的效益無處不在，更多的效益滾滾而來。

把問題轉換成效益並不難，而且這種「變廢為寶」的情況隨處可見，只要我們能夠開動腦筋，找到一個合理、科學的方法。

呼啦圈作為一種健身運動產品，曾在我國各大城市引起轟動。但它就像一陣風，流行一下後很快就衰落了。結果，造成大批積壓，連白送也沒人要。有位江西的年輕人，在他去批發農用薄膜時，看到有個塑膠廠有許多積壓的呼啦圈時，忽然從中悟出商機。他想到了農村竹用頂棚支架。於是，他當即大量購進十分便宜的呼啦圈，把它一分為二，劈成兩半，作為農用薄膜頂棚支架。由於這種聚乙烯樹脂在土壤中有經久耐用、不腐爛的特點，且又價格低廉，所以很快就取代了過去慣用的竹棚架。年輕人也從中賺了一筆。

由於流行風尚的過去，曾經讓商家青睞的呼啦圈一下子成了甩不掉的累贅，不僅賣不出去，還佔用了大量的倉庫面積。聰明的年輕人卻通過將這些呼啦圈變成農用薄膜頂棚支架的方法，不僅解決了庫存問題，還將此變成了經濟效益。

遇到問題的時候，我們通常最先、最多看到的是問題複雜、困難的一面，看到的是要花費多少財力、人力、物力資源去解決它，而沒有換換角度，看看問題的另一面，想想這個方面的問題有沒有其他方面的價值。實際上，如果我們以一種類似「塞翁失馬，焉知非福」的思維方式去思考問題，找到合適的方法，

那麼問題可能的價值就將被挖掘出來。

目前正引起全社會高度關注的經濟增長模式——「循環經濟」便是一種將廢物處理問題、資源再利用問題、環境保護問題轉換為經濟效益、環境效益的一種「促進人類與自然協調與和諧」的全新經濟模式。

鋼鐵、化工、電力等企業的固體廢棄物堆起了三座大山：鋼渣山、鹼渣山、粉灰山。鹼渣山佔地 3.6 平方公里，重達 620 萬噸。鋼廠每年排放鋼渣 40 萬噸，到 1996 年鋼渣堆集存放 300 萬噸，形成了高 20 多米，佔地 5.3 萬平方米的小山。電廠粉煤灰每年排放 150 萬噸，粉煤山佔地達 8800 畝。

「三座大山」給環境帶來巨大壓力，處理這三座山不讓政府費盡心機，而且承受了沉重的資金壓力。但時過境遷，隨著技術的進步和觀念的更新，當人們用一種新眼光打量這三座山時，才發現這三個沉重的包袱，其實是一種資源，是一種「放錯位置的資源」，完全可以重新進入經濟循環之中，完全可以用一系列的處理方法將這三座「問題大山」變成「金山」。

現在，用鋼尾渣作工程墊土，不僅減少對土地的破壞，而且使鋼廠有了額外的效益。鹼渣用來生產水泥，十分搶手，減少了山體開挖對環境的破壞。電廠粉煤灰用於生產建築砌塊、水泥、燒磚，供不應求。專門負責鋼渣處理的鋼鐵公司儲運分公司經理說：「我們選出的可利用鋼料作為原料供應天鋼，大量的尾渣用於工程墊土，搶手得很。

一個國家、一個城市可以利用科學技術和「循環經濟」思想來提高資源的利用效率，將污染源頭變成實實在在的經濟效益；一個公司、一個人也可以把眼界放得更開闊些，多想想方

法，盡可能減少問題產生的時間、經濟成本，甚至將問題轉換成某種效益。這便是方法的現實價值所在。

24

方法決定效益

不同的人具有不同的能力，也就具有了不同的社會價值。不一樣的方法能夠使問題得到不同程度的解決效果，產生不一樣的效益。

在一定範圍內，方法的可挖掘價值是無窮的，我們平常熟視無睹，價值有限的東西，在不同人的眼裏，通過不同的處理方法，就會產生「變廢為寶」般的截然不同的效果。

在一千多年前，蜀地的人民發現了石油，但人們並不喜歡這種沾上後不易洗掉，而且燃燒起來濃煙滾滾的黑色黏稠液體。後來，一些文人發現石油濃煙留下的黑漬是作墨的一種好原料，於是石油有了它最初的用途。而當西方工業革命之後，石油被提煉成一種高燃燒效率的燃料，逐漸變成了必不可缺的「工業血液」。而且，人們不久後還發現，石油不僅可以用來提純作汽油、柴油，而且剩下的物質還是非常好的化學原料，可以做成各種各樣的工業原料、生產生活用品，可以說是「全身是寶」。

165

同樣一種東西在具有不同經歷，不同認識水準、不同技能水準的人眼裏就會具有不同的效用。不同的方法，也能產生不同經濟效益。

一塊生鐵能產生多大的效益？

一個沒有創意、半路出家的鐵匠，可能覺得這個鐵塊的最佳用途莫過於把它製成馬掌。他認為這個粗鐵塊不值幾個錢，所以不值得花太多時間和精力去加工它。而他強健的身體和能勉強應付的打鐵技術，已經把這塊鐵的價值從 1 美元提高到 3 美元了。對此，他可能還自鳴得意。

而一個受過一點好的訓練，有點雄心和眼光的磨刀匠對那個鐵匠說：「這就是你在那塊鐵裏見到的一切嗎？給我一塊鐵，我來告訴你，頭腦、技藝和辛勞能把它變成什麼。」

於是，鐵被熔化掉，碳化成鋼，然後被取出來，經過鍛冶，被加熱到白熱狀態，然後投入到冷水或石油中以增強韌度，最後細緻耐心地進行壓磨拋光。當這項工作一完成，磨刀匠竟然製成了價值 30 美元的刀，這讓那個鐵匠驚訝萬分。

「如果你做不出更好的產品，那麼能做成刀也已經相當不錯了。」第三個工匠看了磨刀匠的出色成果後說，「但是這塊鐵的價值你連一半都還沒挖掘出來。我知道它還有更好的用途。我研究過鐵，知道它裏面藏著什麼，知道能用它做出什麼來。」

這個匠人的技藝更精湛，眼光也更獨到，他受過更好的訓練，有更高的理想和卓越的意志力，他能更深入地看到這塊鐵的內部質地，不再局限於馬掌和刀。他用顯微鏡般精確的雙眼把生鐵變成了最精緻的繡花針。製作肉眼看不見的針頭需要比磨刀匠有更精細的工序和更高超的技藝。

　　製作繡花針的工匠認為他的成果精緻絕倫，已經使磨刀匠的產品的價值翻了數倍，已經榨盡了這塊鐵的價值。

　　可是，又來了一個技藝更高超的工匠，他的頭腦更發達，手藝更精湛，更有耐心，受過頂級訓練，他對馬掌、刀、繡花針看都沒看，他竟然製作出了精細的鐘錶發條。

　　在別人只看到能做出價值幾百美元的繡花針的東西裏頭，他那雙犀利的眼睛看到了價值數千美元的產品。

　　然而，故事還沒有結束，又一個更出色的工匠出現了。

　　他告訴我們，這塊生鐵還沒有物盡其用，而他所擁有的近乎神奇的技藝能用它創造更大的奇蹟。

　　在他眼裏，即使鐘錶發條也稱不上極品之作。他知道用這種生鐵可以製成一種彈性物質，而一般粗通冶金學的人是無能為力的。他知道，如果鍛冶時再細心些，它就不再堅硬鋒利，而會變成一種特殊的金屬，富含許多新的品質，似乎充滿了生命力。

　　於是，他採用了許多精加工和細緻鍛冶的工序，成功地把他的產品變成了幾乎看不見的精細的遊絲線圈。

　　一番艱辛勞苦之後，他夢想成真，把僅值幾美元的鐵塊變成了價值 10 萬美元的產品，這比同樣重量的黃金還要昂貴得多。

　　但是，還有一個工匠，他的技術精妙得真正可謂登峰造極，他的產品鮮為人知，他的技藝也從未被任何字典和百科全書提及過。

　　他拿來一塊鐵，精雕細刻之下所呈現出的東西使鐘錶發條和遊絲線圈都黯然失色。

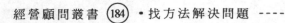

他的工作完成之後，我們見到了牙醫常用來勾出最細微牙神經的精緻勾狀物。一磅黃金大約值 250 美元，而一磅這種柔細的帶勾鋼絲要比黃金貴重幾百倍！

一塊普通的生鐵，通過不同的加工方法，在不同的人手裏就能變成用途各異的產品，就具有不同的價值。這就是我們不斷尋求最佳方法的意義所在。

為了實現我們實踐價值的最大化，就必須去尋找最好的方法。要想使自己具備更高的尋找方法的能力，就不斷學習，不斷鍛鍊，提高自己的實踐技能，增加自己的見識。當我們的認知水準提高了，就能看到事物的更多方面，從更多的角度去找出問題的解決方法。而當我們具有思考更多方法的頭腦，具備了將最佳方法實現的能力後，我們自然也變得更有價值，成為一個能對企業、對社會有更大貢獻的人。

25

方法可以決定成功

有了好的方法就等於成功的一半，另一半就在於對方法的認真執行和靈活應對，並讓方法落實。也就是說，如果有了對方法的正確選擇和執行，成功往往就是水到渠成的事情。

我們都知道，有需求就有市場，有市場就有利潤。在一個通訊發達、資訊傳播速度極快的現在，如果我們能找一個能滿足某種人群需要的市場，就能讓自己創下一番事業，打下一片天地。有了方法，我們可以小本起家，甚至白手起家。

斯太菲克在美國伊利諾州亨斯城退役軍人管理醫院療養。在康復期間，他就在為以後的生計做打算。他很快想到了報紙：「報紙價格都很低，報紙的售價甚至還不夠印刷費，而報社的贏利途徑是通過刊登廣告賺錢。」

那麼，什麼東西成本低廉卻流傳廣泛，而且現在還沒有被人用來賺錢呢？斯太菲克想到了熨衣的硬紙板。

斯太菲克知道許多洗衣店都把剛熨好的襯衣折疊在一塊硬紙板上，以保持襯衣的硬度，避免褶皺。這種硬紙板，正是他所要求的廣告載體。於是，他給洗衣店寫了幾封信，獲悉這種襯衣紙板每千張要花費 4 美元。他立刻有了一個想法，以每千

張 1 美元的價格出售這些紙板，並在每張紙板上登一則廣告。這樣他就可輕鬆地將硬紙板推銷出去，從而得到一大筆廣告收入。

斯太菲克有了這個想法後，就開始想辦法去實現它。康復之後，他就投入了行動。由於他在廣告領域中是個新手，他遇到了一些問題。經過不斷地嘗試和探索，斯太菲克最終取得了成功。他繼續保持著住院時所養成的習慣：每天花一定時間進行學習、思考和計畫。後來他決定提高服務效率，增加業務。他發現襯衣紙板一旦從襯衣上被撤除之後，就不會為洗衣店的顧客所保留。斯太菲克開始思考這樣一個問題：「怎樣才能使家庭在把襯衣從紙板上拿下來之後，繼續保留這種登有廣告的襯衣紙板呢？」

經過一番思考和比較，一個好的解決方法終於出現在他的心中。斯太菲克在襯衣紙板的一面繼續印一則黑白或彩色廣告，而在紙板的另一面，他增加了一些新的東西——一個有趣的兒童遊戲，一個供主婦用的家用食譜，或者一個引人入勝的故事。得到了洗衣店和家庭主婦們的普遍歡迎，而在硬紙板上做廣告的價格也隨之上漲，使斯太菲克利潤大增。

有一次，一位男子抱怨他的兩張洗衣店的清單突然莫名其妙地不見了。後來，他發現他的妻子把它連同一些襯衣都送到洗衣店去了，而這些襯衣他本來還可以再穿。他妻子之所以這樣做，僅僅是為了多得一些斯太菲克的菜譜。

斯太菲克沒有就此停滯不前。他雄心勃勃，他要更進一步擴大業務。他又向自己提出一個問題：「如何擴大目前的業務？」

很快，他找到了辦法。

　　斯太菲克把他從各洗染店所收到的出售襯衣紙板的收入全部捐贈給了美國洗染學會。該學會則以建議每個成員應當讓自己以及他的同事購用斯太菲克的襯衣紙板作為回報。精心安排的一段思考時間給斯太菲克帶來了可觀的財富。而且，多年的成功經驗使他發現劃出一定的時間，用於思考方法，對於他的成功及創造新的財富是十分必要的。

　　機會只會光顧有準備的頭腦，創業的成功也往往屬於注意找機會，主動找方法的人們。而創業成功者並不見得就有多大的啟動資本，他們中的很多人其實最初一文不名。他們就是通過創造條件構築自己的管道，合理地利用已有的資源，借用他人的資金來實現創業的成功。

　　高先生是一個郵票愛好者，受他的父親影響，他從小就對各種郵票十分著迷，也投入了很多錢不斷去購買新的郵票。在上大學時，他就經常有因為買了郵票，而把一個月的飯錢都花光的時候，弄得他時不時地得向他人借點錢，向家人提前索要下個月的生活費。

　　高先生在多次遇見這種用錢的尷尬後，決定自己賺錢維持自己的業餘愛好。經過多年的集郵經驗，他覺得郵票生意也是有利可圖的，而且自己對這個也非常有興趣。於是，他通過《集郵雜誌》和郵票公司搜集了全國 2000 多個集郵愛好者的姓名、地址，用賣賀卡賺的幾千塊錢辦了份雙面八開鉛印的《南華郵報》，免費寄送給這些愛好者。這張報紙一面是郵市資訊，一面是郵票品種、名稱的目錄。

　　報紙免費寄出一段時間後，那些集郵愛好者開始回信，並希望通過高先生代購一些郵票。賺錢的機會來了。

可是當時他已經沒有錢投入郵票購買了。他只好冥思苦想，尋找新的解決方法。

他找到一位大郵票供應商，並與這位郵票商簽訂了 2 萬元的郵票合約。但合約約定，先只交 10%的定金，剩下的在兩個月內付清。這樣沒多久，高先生就做了 3 萬多元的生意。到了 1989 年，《南華郵報》已經擁有 5 萬多個客戶，郵票代購生意的月營業額已經達到 30 多萬元。因為他的交易方式是「款到發貨」，即都是利用別人的錢賺錢，因此十分穩妥可靠。由於他的影響和信譽，更多的集郵愛好者也都願意與他打交道。

之後，高先生承包了某協會的一個門市部，在郵局租了一個郵箱，慢慢做大。最終成為了中國內地第一郵票代購商。

創業可以不需要大資本，也可以不需要後臺或者關係，只要我們找一個好的方法，創造機會。我們還可以想辦法「借雞下蛋」，先以合理的代價換得母雞，然後把蛋養成雞，把用別人的錢賺來的錢變成自己的資本，最終逐漸做大做強，成就自己的事業。

成功是講方法的。在生活中，幾乎所有人都期望成功，但永遠只有少數人能獲得成功，就是因為只有少數人掌握了成功的方法，掌握了如何將方法在複雜多變的現實中實踐的方法。簡單地說，實現成功的方法有兩個：贏利模式和執行策略。贏利的模式相對簡單，而執行的策略則包括運營、管理、人際關係處理、自我控制等綜合素質。

總之，有了好的方法，並想方設法實踐它，就意味著成功將如期而至。

26

好方法是巨人的肩膀

　　方法本身是爲了解決具體問題而產生的。但如果我們有了一個更高層次的方法，就會把自己的眼光看得更高遠些，使自己擺脫現實的小圈子的困擾，從而進入一個更高境界，以戰略的眼光來處理目前的問題，讓目前問題的解決成爲實現宏圖大業的一個小步驟，使自己或公司有一個好的遠景。

　　在解決一些經常困擾自己、卻一時無力解決的問題時，就應該使自己跳出這個狹隘的圈子，站在一個更高的層次思考解決的方法。

　　美國箭牌糖類有限公司是全球最大的口香糖生產商，具有112 年的歷史。箭牌公司在全世界擁有 15 家工廠，生產包括綠箭、黃箭、白箭、益達等知名品牌產品。箭牌產品行銷世界上超過 150 個國家。其中旗下的「黃箭」和「白箭」品牌已有 110多年的歷史。箭牌公司長期致力於讓「箭牌融入生活每一天」，其產品具有相當高的產品知名度和品牌美譽度。

　　箭牌口香糖作爲絕對的市場領袖在美國所向披靡，無與匹敵。但在上世紀 90 年代初其銷量卻開始徘徊不前。怎麼辦？在品質上幾乎無法再進行改進，競爭對手早已經被擠到了一個角

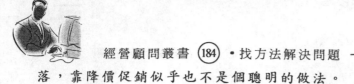

落，靠降價促銷似乎也不是個聰明的做法。

箭牌口香糖想出的方法出人意料──把香煙作為自己的競爭對手！

它引導消費者在不能吸煙的場合用嚼口香糖來代替香煙。箭牌公司在廣告宣傳中戲劇化地展現了禁止或不宜吸煙的場合，如在辦公室、醫院或者前去拜訪岳父岳母等等。在這種場合，口香糖可以像香煙一樣滿足某種類似的生理需要。因為點燃香煙的時候，神經能量就轉化為一組固定的動作套路：手伸向衣兜，掏出香煙，點燃，深吸一口。在嚼口香糖時也出現類似動作模式；從剝開包裝紙到有節奏地咀嚼。因此在兩者之間建立可替代的關係完全可行。實行替代廣告戰略後，箭牌的銷量重新回到了上升軌道。

在自己的領域沒有對手的時候，去另一個領域找一個新的敵人──把香煙作為自己的對手。事實上，在所有不能抽煙的地方，都可以嚼口香糖。而嚼口香糖要做的動作和它引起的效果，的確和香煙極其相似。當箭牌口香糖把人們對口香糖的認知習慣從一個「抽屜」搬到另一個「抽屜」時，它的市場突然擴大了許多，原來停滯不前的銷售也再度上升。這就是好方法帶來的力量。

當我們有了一個更宏觀、更具指導作用的好方法時，就能不再囿於現實的細枝末節，就能集中精力去規劃長遠的藍圖，從而獲得開闊的胸襟和美好的前景。

方法不僅可以用來解決現實的問題，還可以提高我們的心境，延伸我們的視野，讓我們站得更高。找方法的時候，就事論事是正常的，但如果我們有一個更宏觀的方法，就有了一個

更高遠的目標，就能完全改觀自己的心境，從而產生更大的動力。而原先的問題早已不是問題，原先想要達成的目標也早已成為囊中之物。這就是一個好方法的價值所在，它好比是巨人的肩膀，讓我們能看得更高遠，做得更成功。

27

找準「標靶」：問題到底是什麼

要解決問題，首先要對問題進行正確界定。弄清了「問題到底是什麼？」就等於找準了應該瞄準的「靶子」。否則，就會勞而無功，下面的幾種方法，能幫助我們更好地掌握界定問題的藝術。

第一種：回到解決問題的真正目的

也就是要找準「靶子」。靶子找準了，靶心突出了，解決問題就有了基本的保證。

上世紀 50 年代，全世界都在研究製造電晶體的原料——鍺，大家認為最大的問題是如何將鍺提煉得更純。日本的江崎博士和助手黑田百合子也在對此進行探索，但無論採用什麼方法，鍺裏還是會混進一些雜質，而且每次測量都顯示了不同的數據。後來他們反思：研究這一問題的目的，無非是要讓鍺能製造出更好的電晶體。於是，他們去掉原來的前提，而另闢新

途，即有意地一點一點添加雜質，看它究竟能製造出怎樣的鍺晶體來。結果在將鍺的純度降到原來的一半時，一種最理想的晶體產生了。此項發明一舉轟動世界，江畸博士和黑田百合子分別獲得諾貝爾獎和民間諾貝爾獎。

從這個例子中，你學到了什麼？

錯誤界定：將鍺提純。

正確界定：製造出更好的電晶體。製造更好的電晶體，這才是解決問題的根本目的。

第二種：提升要界定問題的層次

對問題根本的界定往往很難，但也有訣竅：嘗試改變界定問題的層次。層次提高了，就會適當擴大問題解決的範圍。問題所限定的範圍越寬鬆，思維創新的天地就越廣闊。

20 世紀 80 年代，古茲維塔當上了可口可樂的 CEO。這時候，百事可樂正與可口可樂激烈競爭，可口可樂的一部分市場已被它蠶食。怎樣才能收復失地，佔領更大的市場？古茲維塔的下屬管理者，都把焦點集中在如何與百事可樂競爭上，千方百計與它爭奪增長百分之零點一的市場佔有率。

古茲維塔卻從更深的層面來思考這個問題，他讓下屬弄清這樣一些問題：

「美國人一天平均的液體食品消耗量為多少？」

答案是 14 盎斯。

「那麼，可口可樂在其中佔多少？」

答案是 2 盎斯。

一聽到這樣的答案，古茲維塔便宣佈：我們的競爭對象不是百事可樂，我們需要做的是在那塊市場上提高佔有率，要佔

掉市場剩餘的 12 盎司的水、茶、咖啡、牛奶及果汁等。當大家想要喝一點什麼時，就應該去找可口可樂。為了達到這個目的，可口可樂採取了一些新的競爭戰略，如在每個街頭擺上販賣機。結果銷售量因此節節上升，再次將百事可樂遠遠拋在了後面。

由於提升了解決問題層次，就更容易找到了解決問題的根本。

第三種：從其他方面甚至相反方面去找方法

二戰期間，有一天夜晚，蘇軍準備趁黑夜向德軍發起進攻。可是那晚天上偏偏有星星，大部隊出擊很難做到高度隱蔽而不被對方察覺。

蘇軍元帥朱可夫對此思索了很久，突然想到一個主意，立即發出指示：將全軍所有的大探照燈都集中起來。在向德國發起進攻時，蘇軍的 140 台大探照燈同時射向德軍陣地。

極強的亮光把隱蔽在防禦工事裏的德軍將士照得睜不開眼，什麼也看不見，只有挨打而無法還擊。蘇軍很快突破了德軍的防線。

我們再來對問題的界定進行分析。

錯誤界定：天黑方好向敵人發起攻擊。

正確界定：讓敵人看不見就好發起攻擊。

本來認為黑到大家看不見才好發動進攻。現在，卻是完全相反，不是讓天黑，卻是要以光明——加倍的光明來解決問題。在這裏，「天黑」不是正確的界定。「看不見」才是正確的界定！

28

注 重 細 節

　　不論什麼事，實際上都是由一些細節組成的。如果成功的過程是一條「拉鏈」，那麼細節就是這條「拉鏈」上的「鏈扣」──如果壞了一個「鏈扣」，整條「拉鏈」就無法拉上、密封。

　　什麼是不簡單？把每一件簡單的事情做好就是不簡單。什麼是不平凡？把每一件平凡的事情做好就是不平凡。「泰山不拒細壞，故能成其高；江海不擇細流，故能就其深。「天下難事，必做於易；天下大事，必做於細。」這些都說明了細節的重要性。在現實生活中，想做大事的人很多，但願意把小事做細的人很少。我們不缺少雄韜偉略的戰略家，缺少的是精益求精的執行者。決不缺少各類管理規章制度，缺少的是規章條款不折不扣的執行。一個人的價值不是以數量而是以他的深度來衡量的，成功者的共同特點，就是能做好工作中的每一個細節。

　　一些看似瑣碎、簡單的事情，卻最容易忽略，最容易錯漏百出。其實，個人無論在工作中有怎樣輝煌的目標，但如果在每一個環節連接上，每一個細節處理上不能夠做到位，目標都會被擱淺，並最終的失敗，這也絕不能成就一個卓越的員工。「大處著眼，小處著手」，在細節上較真，才能達到理想境界，這也

是我們成功的關鍵。

　　哈姆威是西班牙的一個製作糕點的小商販。在狂熱的移民潮中懷著掘金的心態來到了美國。但美國並非他想像中的遍地是金，他的糕點在西班牙出售和在美國出售，根本沒有多大的區別。

　　1904 年夏天，哈姆威知道美國即將舉行世界博覽會，他把自己的糕點工具搬到了會展地點路易士安納州。值得慶倖的是，他被政府允許在會場外面出售他的薄餅。

　　他的薄餅生意實在糟糕，而和他相鄰的一位賣霜淇淋的商販的生意卻很火，一會兒就售出了許多霜淇淋，很快就把帶來的用裝霜淇淋的小碟子用完了。

　　心胸寬廣的哈姆威見狀，就把自己的薄餅捲成錐形，讓他盛放霜淇淋。

　　賣霜淇淋的商販見這個方法可行，便要了哈姆威的薄餅，大量的錐形霜淇淋便進入顧客們的手中。

　　但令哈姆威意料不到的是這種錐形的霜淇淋被顧客們看好，而且被評為世界博覽會的真正明星。

　　從此，這種錐形霜淇淋開始大行於市，逐漸演變成了現在的蛋捲霜淇淋。它的發明被人們稱為「神來之筆」。有人這樣假設：如果當初沒有發現這個偶然中的細節，那麼今天我們能不能吃上蛋捲霜淇淋就難說了。

　　在現實生活中，能將大戰略與小細節結合起來行事的人並不多，他們大都會有如下病症：想問題，訂計畫，往往忘記大處，缺乏戰略，沒有全局觀念。——是大處「沒著想」；執行工作，實施任務，往往粗心大意，「因事小而不爲」，忘記細節。——

是小處「沒著手」。

　　這是很多職業人士的通病。多少人對於全局把握以及細節執行，要麼缺其一，要麼都缺，最後致敗，令人抱憾！

　　事實上，個人職業生涯經營既要從大處想起，又要注重細節。面對事物，先從大處著想，搭建框架，做地基，然後層層思考，因大到細，做到面面俱到，才不致失誤，故應「先著想」；面對執行，不因小小事情而不爲，應知大事情由無數個小事情組成，精細生產與貼身服務在於三個字：「多著手」。而有的人面對事物卻不這樣，缺乏從大處想起的習慣，缺乏規劃意識，往往就一件事單獨來計畫，而不計畫到戰略性問題，因而會形成「單打獨鬥」的局面，即使實施能力很強，往往也是局部的勝利，對長遠來說，起的作用不大。另外，對於一些瑣碎的事情，往往是多謀而少斷，或者乾脆不幹，不屑於幹。這就形成了凡事不先從大處規劃好，同時又不屑於做細節的壞習慣。這種習性將是導致失敗的根源。

　　有位醫學院的教授，在上課的第一天對他的學生說：「當醫生，最要緊的就是膽大心細！」說完，便將一隻手指伸進桌子上一隻盛滿尿液的杯子裏，接著再把手放進自己的嘴中，隨後教授將那個杯子遞給學生，讓這些學生學著他的樣子做。看著每個學生都把手指放進杯中，然後在放進嘴裏，忍著嘔吐的狼狽樣子，他微微地笑了笑說：「不錯，不錯，你們每個人都夠膽大的。」緊接著教授又難過起來：「只可惜你們看的不夠細心，沒有注意到我探入尿杯的是食指，放進嘴裏的卻是中指啊！」

　　這個故事裏的教授，他本來的意思是教育學生科研與工作都要注意細節，相信這些嘗過尿液的學生應該終生能夠記住這

次「教訓」。所謂「千里之堤，潰於蟻穴」，細節的寶貴價值更在於它是創造性的、獨一無二的、無法重覆的。記得《晏子春·夕篇不合經術者》中有一個寓言故事，說的是齊景公問晏嬰：「天下有沒有最大的東西？」晏嬰回答說：「有啊，在北海有一種鳥叫大鵬，它腳踏浮雲，背聳蒼天，尾橫天涯，躍飲北海，脖子與尾巴塞滿整個天地，無邊無際沒有盡頭。」景公又問：「那麼有沒有最小的東西？」晏嬰說：「也有。東海裏有一種小蟲子，竟然在蚊子的睫毛裏築巢，在巢裏產卵孵化，小蟲子長大從蚊子的睫毛飛出去，蚊子竟然沒有察覺，我只知道東海的漁民管它叫焦冥。」這篇寓言也告訴我們一個很明顯的道理，世界上的事物有大有小，從而構成了一個繽紛的世界。作為一個優秀的員工只有注意到必要的細節，才能聚沙成塔，最終由一個個小成績累成巨大的成績。

　　如果我們去留心觀察身邊的高效能人士，就會發現他們在開始的時候也與我們一樣，做著同樣簡單的小事，唯一的區別就是，他們從不因為他們所做的事是簡單的小事，而不盡心盡力，全力以赴。

　　如果我們想使績效達到卓越的境界，那麼我們今天就可以達到。不過我們得從這一刻開始，摒棄對小事無所謂的惡習才行。一位高效能人士在總結高效執行的經驗時說道：「因為每個人所做的工作，都是由一件件小事構成的，對小事敷衍應付或輕視懈怠，將影響你最終的工作成績。」

　　事實的確如此。但在現實中，真正能體會到其中「原味」的人卻少之又少。在龐大的「低效」隊伍中，有相當多的人或多或少沾染上無視細節的惡習。許多人在接到一項新任務後，

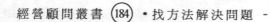

首先做的事情就是剔除穿插其中的諸多繁瑣的細節。他們認為，這些瑣碎的細節只會浪費寶貴的時間和有限的精力。結果聰明反被聰明誤。整項工作由於缺少細節的穿連，在銜接上出現了脫軌現象，進而導致工作進度一再受阻，難以高品質地按期完成任務。

一個從事雞蛋銷售的員工，進入公司不久，就取得了不錯的銷售業績，得到了老闆的褒獎。他是這樣做的：在售奶櫃檯和冷飲櫃檯前，有一位顧客走過來要一杯麥乳混合飲料。

他微笑著對顧客說：「先生，您願意在飲料中加入一個還是兩個雞蛋呢？」

顧客：「哦，一個就夠了。」

這樣就多賣出一個雞蛋。在麥乳飲料中加一個雞蛋通常是要額外收錢的。

讓我們比較一下，上面那句話的作用有多大：員工：「先生，您願意在你的飲料中加一個雞蛋嗎？」顧客：「哦，不，謝謝。」或許，從表面上看，細節的確沒有什麼深奧之處，也沒有什麼值得你重視的價值，但深究後你就會發現，細節甚至比困難的大事更重要。一位哲人說過：「瑣事之中孕育著偉大的種子。」這些細瑣而平凡的小事，還可為你提供一個學習、積累經驗的機會。這一點，對於剛剛涉入社會的人尤為重要。

任何人踏上工作崗位後，都需要經歷一個把所學知識與具體實踐相結合的過程，需要從一些簡單的工作開始這種實踐，並從實踐中不斷學習。所以，面對一件不起眼的細節，我們要一絲不苟地扎實執行，並虛心向其他人請教，積累經驗。

事實證明，以累積而成的經驗作為基礎，再站在這個基礎

上，配合自己的聰明才智加以發揮，是保證高效完成任務的最佳「配方」。然而要想真正成爲這樣一個人，我們必須做好以下幾點：

第一，在接到一項任務時，對其中的各種細節千萬不要產生輕視的心理。我們要把它看成一件重要的大事。這樣，我們才會真正重視它，並開動腦筋、發揮潛力做好它。事實上，要做到這一點並不容易，我們需要時時提醒自己：「別看它簡單、不起眼，對整項任務能否順利完成卻起著至關重要的作用。做不好它，你就不可能高品質地完成任務。」

第二，工作時一定要細心、認真。不要以爲是細節，就敷衍了事地應付。你應該像做重要的事一樣認真對待，細心、扎實地處理好每一個環節和細節，一絲不苟地去完成它。只有這樣，你才能借助「細節」的力量推進工作進度，做出不平凡的業績。

第三，做出「完美」時要讓週圍的人知道。在執行平凡工作的過程中，如果細心工作，發揮你的聰明才智，你就可能做出讓週圍人驚訝的成績來。比如，我們創造出一套行之有效的好方法，它能提高工作效率，或者能提高工作品質；再如，我們想出了一個好的創意，根據這個創意執行工作，能取得更高的工作成就。某些時候，你最好讓週圍的人知道，切忌保密。與人分享，有利於得到別人的好感，提高我們的人脈指數，而良好的人際關係則會使你的工作速度和工作品質得到進一步提高。

相反，很多時候，當我們對實施中的細節掉以輕心的時候，這種「不經意」卻往往成爲讓成功潰堤的「蟻穴」。

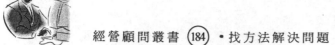

　　國內曾有一家工廠，為了能從美國引進一條生產無菌輸液管的先進流水線，做了長期艱苦的努力，並終於說服了對方。就在引進合約簽字的那一天，在步入簽字現場的一剎那，國內的廠長突然咳嗽了一聲，一口痰湧了上來，他看看四週，一時沒能找到可供吐痰的痰盂，便隨口將痰吐在了牆角，並小心翼翼地用鞋底蹭了蹭。那位精細的美國廠方代表見此情景不由得皺了皺眉。顯然，這個隨地吐痰的細節引起了他深深的憂慮：輸液軟管是專供病人輸液用的，必須絕對無菌才能符合標準，可西裝革履的廠長居然隨地吐痰，那麼這個工廠的工人素質更加不能高估——如此生產出的輸液管，怎麼可能絕對無菌？這家工廠的產品一旦銷售出去，便有危害病人健康的可能。而一旦真出現什麼問題，被媒體和藥監機構追查起來，美國公司的名譽也將受到牽累。他於是當即改弦更張，斷然拒絕在合約上簽字，國內工廠將近一年的努力也在轉眼間化為烏有。

　　成功有成功的道理，失敗亦有失敗的緣由。無論在大事情上，還是小事情上，都需要做到「滴水不漏」、「一絲不苟」。只有這樣，才能真正地穩操勝券。

　　成功的標準，就是追求細節上的完美，這是成功者的要求，也是成功者的想法。如果我們能這樣想，無論做什麼，都會做得很好，都不會自滿。因為很少有東西是完善的，即使是最好的產品都有缺陷。然而，無論在公司或組織中，就是因為我們設立這樣一個完美的目標，才可以提升每一個人對品質的意識，使每個人做事都變得非常認真，使每個人都在研究要怎樣把事情做得更完美。

　　總之，一個人是否能高品質地完成任務，取決於他是否做

什麼事都力求做到最好，做到極致。在執行任務的過程中，那怕事情只有芝麻大的一點點，我們也要以最高的規格要求自己。能做到最好，就必須做到最好，能做到 100 分，就決不滿足於 99 分。這就注重細節的心理所起到的巨大作用。也是保質保量完成任務的優秀品質。

29

六種解決問題的方法

思維方法，簡單地說就是思路，就是思考問題的路線、途徑。思考問題都要遵循一定的路線途徑，也就是都要運用一定的思維方法。碰到困難時，學會用正確的思維方法去思考，往往很輕易就找到了解決的方案。下面，我們簡要地介紹幾種常用的思維方法，供大家參照。

第一種方法：邏輯思維法

美國有一位工程師和一位邏輯學家是無話不談的好友。一次，兩人相約赴埃及參觀著名的金字塔。到埃及後，有一天，邏輯學家住進賓館，仍然照常寫自己的旅行日記，而工程師則獨自徜徉在街頭，忽然耳邊傳來一位老婦人的叫賣聲：「賣貓啦，賣貓啦！」

工程師一看，在老婦人身旁放著一隻黑色的玩具貓，標價

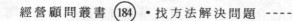

500 美元。這位婦人解釋說,這只玩具貓是祖傳寶物,因孫子病重,不得已才出售,以換取治療費。工程師用手一舉貓。發現貓身很重,看起來似乎是用黑鐵鑄就的。不過,那一對貓眼則是珍珠鑲的。

於是,工程師就對那位老婦人說:「我給你 300 美元,只買下兩隻貓眼吧。」

老婦人一算,覺得行,就同意了。工程師高高興興地回到了賓館,對邏輯學家說:「我只花了 300 美元竟然買下兩顆碩大的珍珠。」

邏輯學家一看這兩顆大珍珠,少說也值上千美元,忙問朋友是怎麼一回事。當工程師講完緣由,邏輯學家忙問:「那位婦人是否還在原處?」

工程師回答說:「她還坐在那裏,想賣掉那只沒有眼珠的黑鐵貓。」

邏輯學家聽後,忙跑到街上,給了老婦人 200 美元,把貓買了回來。

工程師見後,嘲笑道:「你呀,花 200 美元買個沒眼珠的黑鐵貓。」

邏輯學家卻不聲不響地坐下來擺弄這只鐵貓。突然,他靈機一動,用小刀刮鐵貓的腳,當黑漆脫落後,露出的是黃燦燦的一道金色印跡。他高興地大叫起來:「正如我所想,這貓是純金的。」

原來,當年鑄造這只金貓的主人,怕金身暴露,便將貓身用黑漆漆過,儼然是一隻鐵貓。對此,工程師十分後悔。此時,邏輯學家轉過來嘲笑他說:「你雖然知識很淵博,可就是缺乏一

種思維的藝術，分析和判斷事情不全面、深入。你應該好好想一想，貓的眼珠既然是珍珠做成，那貓的全身會是不值錢的黑鐵所鑄嗎？」

財富有時像隱匿於汪洋之下的冰山，我們看到的只是冰山的一角。高財商者能做到察於「青蘋之末」，抓住線索「順藤摸瓜」探尋到海平面下面的冰山全貌。

第二種方法：平面思維法

什麼是平面思維法呢？

著名思維學家德‧波諾的解釋是：「平面」針對「縱向」而言。「縱向思維」主要依託邏輯，只是沿著一條固定的思路走下去，而平面則偏向多思路地進行思考。為此，他打了一個通俗的比方：

在一個地方打井，老打不出水來。按縱向思考的人，只會嫌自己打得不夠努力，而增加努力程度。而按平面思維法思考的人，則考慮很可能是選擇井的地方不對，或者根本就沒有水，或者要挖很深才可以挖到水，所以與其在這樣一個地方努力，不如另外尋找一個更容易出水的地方打井。

「縱向」總是放棄別的可能性，所以大大局限了創造力。而「平面」則不斷探索其他可能性，所以更有創造力。

其實，有不少優秀的人，也在通過自己獨特的方式來進行這種「換地方打井」的創造。松下幸之助就是這方面的高手。

1956 年，松下電器與日本生產電器精品的大孤製造廠合資，設立了大孤電器精品公司，製造電風扇。當時，松下幸之助委任松下電器公司的西田千秋為總經理，自己任顧問。

這家公司的前身是專做電風扇的，後來開發了民用排風

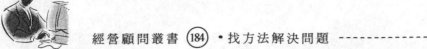

扇。但即使如此，產品還是顯得很單一。西田千秋準備開發新的產品，試著探詢松下的意見。松下對他說：「只做風的生意就可以了」。

當時松下的想法。是想讓松下電器的附屬公司盡可能專業化，以圖有所突破。可是松下電器的電風扇製造已經做得相當卓越，頗有餘力開發新的領域。儘管如此，西田得到的仍是松下否定的回答。

然而，西田並未因松下這樣的回答而灰心喪氣。他的思維極其靈活與機敏，他緊盯住松下問道：「只要是與風有關的，任何事情都可以做嗎？」

松下並未細想此話的真正意思，但西田所問的與自己的指示很吻合，所以回答說：「當然可以了。」

四五年之後，松下又到這家工廠視察，看到廠裏正在生產暖風機，便問西田：「這是電風扇嗎？」

西田說：「不是。但它和風有關。電風扇是冷風，這個是暖風，你說過要我們做風的生意，這難道不是嗎？」

後來，西田千秋一手操辦的松下精工的風家族，已經非常豐富了。除了電風扇、排風扇、暖風機、鼓風機之外，還有果園和茶園防霜用的換氣扇、培養香菇用的調溫換氣扇、家禽養殖業的棚舍調溫系統……

西田千秋只做風的生意，就為松下公司創造了一個又一個的輝煌。

在工作中，如果只在一條路上走，很容易會覺得路已經走絕了。但實際上，路的旁邊也是路，而且條條都是新的路，只要善於開拓，就能引領你走向成功。

第三種方法：側向思維法

如果你是一家電影公司的職員，現在，公司要在另外一個城市開一家新的電影院，於是安排你做一件事情：在一到兩天的時間內，幫公司尋找一個最適合開電影院的地方。你有把握在這麼短的時間內找到嗎？

眾所週知，開電影院和開商店的經驗是一樣的：第一是位置，第二是位置，第三還是位置。位置為什麼如此重要？因為，商店和電影院生意要興隆，首先得人氣旺。而人氣要旺，就必須將位置選擇在人流量多、消費能力強的地方。

很多人面對這樣的問題，很容易根據常規思維，用測算人流量的方法去解決，其中最直接的方法（正向方法），就是每天派人到各處實地考察，但這樣需要耗費大量的時間和精力，短時間內得出結果根本不可能。還有一種辦法就是請專門的調查公司去做調查，那花費肯定是不小的。除這兩種方法外，還有沒有更好的方法？

日本電影公司的一位高級管理者就遇到過這樣的問題。但他只採用了一個非常簡單的方法，就輕而易舉地將問題解決了。

他是怎麼做的呢？——帶領自己的下屬，到將要開設電影院的城市的所有派出所進行調查。調查的目標十分簡單：那個地方平時丟錢包最多，然後就選擇丟錢包最多的地方開電影院。

結果證明，這個選擇簡直太對了，這家電影院成了電影公司開設的眾多電影院中最火的一家。

做出這樣選擇的理由是什麼？因為錢包丟失最多的地方，就是人流量最大、消費活動最旺盛的地方。

這位主管所採用的方法，就是側向思維法。它的具體做法

是：思考問題時，不從「正面」的角度去考慮，而是通過出人意料的側面來思考和解決問題。

第四種方法：發散思維法

有一次，美國的一段長達1000公里的電話線上，積滿了因大霧而形成的凝結物，嚴重影響了電話通信的正常進行。為了儘快恢復正常通信，負責這一段線路的主管部門向社會各界緊急徵求「能以最短時間清除凝結物」的方案。有關專家和其他人員紛紛應徵，提出了不少建議。主管部門對提出的這些建議都不滿意。有的做法複雜繁瑣，有的需時過長，有的花錢太多。主管部門通過新聞媒體及時將這些建議公開做了報導，希望能引起公眾的進一步關注和討論，提出更多更好的建議來。後來，空軍的一位飛行員提出一個方案：駕駛直升飛機沿電話線上空飛行，向下垂直噴射強大的氣流，以清除電話線上的大霧凝結物。這一方案最後被採納實施，效果又快又好。據線路主管部門事後公佈的材料說，這位空軍飛行員提出的做法是他們收到的第 36 號方案。

這件事以及大量的類似事例表明，思考如何解決複雜的、難度較大的新問題，不朝四面八方去想，匆忙地只想出一個主意就急於拍板定案，那是很難做到有真正高品質高水準的最佳方案付諸實施的。

第五種方法：飛躍思維法

日本的一個南極探險隊首次準備在南極過冬時，遇到了這樣一個難題：隊員們要把船上的汽油輸送到基地，但發現輸油管的長度不夠，當時又沒有備用的管子。怎麼辦才好呢？正當大夥十分著急的時候，隊長西堀榮三郎突然聯想到：可以用冰

來做成管子。南極氣溫極低，屋外到處都是冰，而且「滴水就能成冰」。問題在於，怎樣才能使冰成為管狀，且不至於破裂。西崛榮三郎接著又聯想到了醫療上使用的繃帶，這種繃帶他們帶來了不少。他設想：把繃帶纏在鐵管子上，然後在上面澆水，讓水結成冰後，再拔出鐵管子，這樣不就能做成冰管子了嗎？一試，果然獲得了成功。他們把做成的冰管子再一截一截地連接起來。需要多長就能接多長。就這樣，輸油管長度不夠的難題便解決了。

西崛榮三郎為了解決輸油管長度不夠的問題，竟由鐵管、橡皮管、塑膠管等事物形象，聯想到可以極其方便地就地取材：把繃帶纏在鐵管上，澆上水，使其結冰後成為冰管。西崛榮三郎所運用的聯想，實在「相距十萬八千里」，一般人根本看不出有什麼聯繫的事物形象之間進行的。這樣的聯想，可以稱為飛躍聯想。

這種飛躍聯想，既然在「一般人根本看不出有什麼聯繫」的事物之間都可以進行，它極其廣泛的適用性也就不言自明瞭。

第六種方法：差異思維法

美國大蕭條時期，整個汽車市場極度萎靡，豪華車市場幾乎陷入崩潰。通用汽車公司的卡迪拉克所面臨的惟一問題是：究竟是選擇徹底停止生產，還是暫時保留這一品牌等待市場行情好轉？

董事會執行委員會正開會決定卡迪拉克的命運時，尼古拉斯‧德雷斯塔德特敲門請求委員會給他十分鐘時間以陳述自己的方案。這不能不說是個冒昧的舉動，就好比紅衣主教們在梵蒂岡西斯延教堂開會選舉教皇時，一名教區神甫敲門要求提出

建議一樣。但是，德雷斯塔德特卻告訴委員會他有一個方案可以使卡迪拉克在 18 個月內扭虧為盈，不管經濟是否景氣。

他根據自己對卡迪拉克在全國各經銷處服務部的觀察提出了方案的一部分。

當時，卡迪拉克採取的是「聲望市場」策略，為爭奪市場制定了一項戰略：拒絕向黑人出售卡迪拉克汽車。

儘管公司採取了這樣的種族歧視政策，德雷斯塔德特還是在各地的服務部發現客戶中有很多是黑人精英。他們大多為拳擊手、歌星、醫生和律師，即使在 20 世紀 30 年代經濟蕭條時期，也有豐厚的收入。這些黑人精英們在那個年代通常買不到象徵社會地位的商品，不能住進高檔住宅區，無法光顧令人目眩神迷的夜總會。但是，他們可以很容易地繞過通用汽車公司的禁售政策——付給白人一筆錢，讓他們出面幫助購買。

德雷斯塔德特極力主張執行委員會抓住這一市場。為什麼那些白人出面當一次幌子就能賺幾百美元，而通用汽車公司卻要主動放棄這個市場呢？執行委員會接受了這一主張。很快在 1934 年，卡迪拉克的銷售量增加了 70%，整個部門也真正實現了收支平衡。相比之下，通用汽車公司的同期銷售總量增長還不到 40%。

1934 年 6 月，德雷斯塔德特被任命為卡迪拉克部門總經理。

他還著手徹底改變豪華汽車的製造方式。他指出：「品質的好壞完全體現於設計、加工、核對總和服務。低效率根本不等於高品質。」他願意在設計和道具方面進行大量的投資，更樂意在品質控制和一流服務上花大價錢，而不主張在生產過程本身做過量的投資。一位管理人員回憶道：「他告訴我們要關注每

一個細節。如果別人製造一個零件只需 2 美元，為什麼我們要用 3～4 美元呢？」

他的這種理念在推行不到 3 年的時間內，卡迪拉克的生產成本與通用汽車公司的低檔車雪佛萊的造價已經差不多一樣了。但銷售時仍然維持豪華車的高價位，卡迪拉克很快便成為通用汽車公司內最盈利的部門。由於神奇般地使卡迪拉克起死回生，德雷斯塔德特在通用汽車公司內部的發展也由此平步青雲。1936 年，他被任命為公司最大部門雪佛萊的總經理。毫無疑問，幾年後，他將是總公司總裁的有力競爭者。

沒有絕望的形勢，只是絕望的人。有時，善於打開傳統思維的死結，或從事物本身存在的差異上考慮問題，就能做到「柳暗花明」。

第三章

解決問題的基本法則

1

化繁為簡法則：越簡單越有效

一位牧師正為明天佈道找不到好題目而著急。

他 6 歲的兒子卻總是隔一會兒就來敲一次門，並要這要那，弄得他心煩意亂。情急之下，他把一本雜誌內的世界地圖夾頁撕碎，遞給兒子說：「來，我們做一個有趣的拼圖遊戲，你回房間去把這張世界地圖拼還原，我就給你五美分去買糖吃。」

兒子出去後，牧師把門關上，得意的自言自語：「哈，這下

可以清靜了。」話音剛落，兒子又來敲門並說圖已拼好。他大驚失色，趕忙到兒子房間看。

果然，那張撕碎的世界地圖完完整整地擺在地板上。

「怎麼會這樣快？」他不解地問兒子。

「是這樣的，世界地圖的背面有一個人頭像。人對了，世界自然就對了。」

牧師愛撫著兒子的頭若有所悟地說：「說得多好啊！人對了，世界就對了。明天佈道的題目終於找到了。」

故事深含哲理，其中也說明了一旦你擁有化繁為簡的智慧，不管有多麼複雜的問題，都可迎刃而解。

記得美國太空署曾遇到過一個難題：怎樣設計出一種筆，它能夠幫助宇航員在失重的情況下方便地握在手裏，書寫起來流利，且不用經常灌墨水。在絞盡腦汁都想不出解決問題的方法後，太空署只好求助於社會公眾。最後，最有效的方法來自於一位小女孩，她的建議是：「試一試鉛筆吧，如何？」問題就如此簡單地解決了。

做事是智慧的一種運用。面對紛繁複雜的問題，做事的思維和方法應該從簡切入，以簡馭繁。化繁為簡，避免陷入繁中添亂、漫無頭緒的窘境。提高做事效率的全部奧秘就在於越簡單越好。簡單的東西，往往是最有力量的。如果說四兩撥千斤是功夫最高境界的話，那麼，化繁為簡就是實踐的最高境界。但遺憾的是很多人都不知道這樣一個事實，那就是問題總可以用更簡單的方法去解決，無論這是個多麼複雜的問題。人們最常見的習慣是，一看見重要的事情，往往會用複雜的方法去解決。結果，事情越做越複雜，最後變得更加困難。

事實上，一旦你擁有化繁為簡的智慧，你自然會進入一個自己都意想不到的廣闊天地。

簡單管理是一種力求使複雜管理變得簡約、集約和高效的管理思想和管理模式，它宣導化繁為簡、以簡馭繁的管理理念和方法。

每個人都希望夢想成真，成功卻似乎總是遠在天邊遙不可及，倦怠和不自信讓我們懷疑自己的能力，放棄努力。其實，我們不必想以後的事，一年甚至一個月之後的事，只要想著今天我要做些什麼，明天我該做些什麼，然後努力去完成，就像鐘一樣，每秒「滴答」擺一下，成功的喜悅就會慢慢浸潤我們的生命。其實，很多事情的麻煩都是我們頭腦中想像出來的，並使一些人望而卻步。

有一個三隻鐘的故事總能給我們以啟迪。

一隻新組裝好的小鐘放在了兩隻舊鐘當中，兩隻舊鐘「滴答」、「滴答」一分一秒地走著。

其中一隻舊鐘對小鐘說：「來吧，你也該工作了。可是我有點擔心，你走完 3200 萬次以後，恐怕就吃不消了。」

「天那！3200 萬次。」小鐘吃驚不已，「要我做這麼大的事？辦不到，辦不到。」

另一隻舊鐘說：「別聽他胡說八道。不用害怕，你只要每秒滴答擺一下就行了」

「天下那有這樣簡單的事情。」小鐘將信將疑，「如果這樣，我就試試吧。」

小鐘很輕鬆地每秒鐘「滴答」擺一下，不知不覺中，一年過去了，它擺了 3200 萬次。

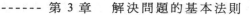

　　簡潔是一種高素質邏輯思維的體現。它條理清楚，層次分明，直接準確，就如同有的人一眼看去就給人一種精幹的印象一樣，沒有多餘的贅肉與裝飾，言談舉止絕不拖泥帶水，拖拖拉拉。我們完全可以從日常的諸多小事入手，來練就這種本領。但遺憾的是，在日常工作中，卻經常可以看到這種現象：某位員工就某件事情彙報了半天，主管卻不得要領，不知其主要說什麼；某位員工就某件事寫了一篇文字材料，洋洋數千言，可這件事到底是怎麼回事，看了半天也不明白。這是效率低下的普遍表現。

　　擔任溝通管理顧問公司詹森集團總裁兼執行長的比爾・詹森自 1992 年開始至今，持續進行一項名為「追求簡單」的研究，即通過長期觀察企業員工的工作模式，探討造成工作過量、效率低下的原因。最初的調查對象來自 460 家企業的 2500 名人士，如今已經擴大到 1000 家企業，人數達到 35 萬人，其中包括美國銀行、花旗銀行、默多克與迪士尼等知名的大型企業。

　　之後，詹森分別推出了《簡單就是力量》和《簡單工作，成就無限》兩本書。詹森將「簡單」的概念運用到日常的工作實務上。根據多年調查研究的結果，他認為，現代人工作變得複雜而沒有效率的最重要原因就是「缺乏焦點」。因為不清楚目標，總是浪費時間重覆做同樣的事情或是不必要的事情；遺漏了關鍵的資訊，卻浪費了了太多時間在不重要的資訊上；抓不到重點，同樣一件事情必須反覆溝通。

　　很多管理者都有這樣的體會，當初創業時，只有老闆（包括合夥人）和被僱傭者兩個層級，關係非常簡單，工作效能也很高。然而，當發展成為大公司後，關係越來越複雜，管理也越

來越閑難了。這是什麼原因呢？管理大師彼得‧杜拉克告訴我們說：「最好的管理是那種交響樂團式的管理，一個指揮可以管理 250 個樂手。」通過調查研究，他得出的結論是，對企業而言，管理的層級越少越好，層級之間的關係越簡單越高效。

會工作的人，都知道火箭發射的原理：掙脫重力牽制凌空而去。作爲卓越企業的高效能人士，必須想盡辦法，化繁爲簡，將牽絆工作效率的障礙毫不足惜地甩掉。在一家大公司的門口，寫著這樣幾個字：「要簡潔！所有的一切都要簡潔！」這有兩層意義：第一，提醒辦事要簡潔；第二，說明簡潔是很必要的。看來喜歡贅言長談的習慣已經不適用於今日了。

人們一般所厭煩的，就是那些談話抓不住重點、旁敲側擊、不著邊際的人。因爲他們說來說去也無法使人把握他談話的要點，往往會使人厭倦。所以，那種談話不直接不爽快而喜歡繞圈子的人，雖然在業務上狠下苦功，但往往做不成什麼大事。成就大業者是那些做事爽直、談話簡潔的人。

要及早培養自己做事爽直、淡話簡潔的習慣，要做到這一點並不是一件很難的事。如果你能常常有意地注意訓練，能集中力量，做到處事有條不紊、談吐簡潔明瞭，那麼，你必然會養成簡潔的習慣。

2

條理化法則：做每件事都須有條不紊

辦事情遵照有序化原則是一種非常理性的做事理念，它可以使你對做事情順序的安排更加合理，時間的分配更加嚴格，從而避免東一榔頭，西一棒子，最後事情卻沒有辦好的結果。

一天中午，笨豬正在家中的園子裏悠閒地曬著太陽，它小時候的玩伴山羊突然造訪。多年不見，笨豬很高興，也很興奮，忙不迭地去給山羊泡茶。但因為平時懶散慣了，不知道茶杯、茶葉放在那個角落。於是，豬開始翻箱倒櫃地找，好不容易找到一隻落滿灰塵的茶杯。它洗好茶杯，才想起茶葉還沒有找到，又費了九牛二虎之力才找到茶葉，正準備泡茶，卻發現壺裏的開水早已用完。於是，它又搖著尾巴開始燒開水，等到水燒開了，山羊卻早已離開。

客人來了，要泡茶，就要燒開水、找茶葉、洗茶杯，而完成這件事可以有各種不同的順序：

找茶葉→洗茶杯→燒開水

洗茶杯→找茶葉→燒開水

找茶葉→燒開水→洗茶杯

洗茶杯→燒開水→找茶葉

199

燒開水→找茶葉→洗茶杯

　　燒開水→洗茶杯→找茶葉

　　前面兩個順序最費時，最後兩個順序效果好。可不是嗎？等洗茶杯與找茶葉這兩件事做完後才想起燒開水，就費時了。如果先燒開水，在燒水的同時洗杯子、找茶葉，效果就好多了。

　　統籌做事，使事情變得更加有條理，往往能達到事半功倍的效果。辦事情有條理，不僅可以避免許多重覆工作，還可以讓我們更加明確自己做事的目標和邏輯，可以使我們能夠更好地總結經驗，爲做好下一步的工作打好基礎。同時，我們還能體驗到一步步逼近目標的必奮感，進而激發出更高的工作熱情。

　　常言道：萬物有理，四時有序。這裏的「序」是順序、次序、程序的意思。自然界是這樣，人類社會也是這樣。序，就是事物發生發展、運動變化的過程和步驟，是客觀規律的體現。反映到實際工作中，它要求我們辦事情必須有條理、講程序。

　　對於程序及其重要性，長期以來存在著某些片面的認識。有人認爲程序屬於形式，沒有內容那麼重要；有人覺得程序是細枝末節，可有可無；有人甚至把程序當作繁文縟節，不但不重視，而且很反感。由此而來，現實生活中不講程序、做事情缺乏條理的現象屢見不鮮，結果既影響辦事情的效率和品質，又容易助長不正之風，給工作和事業帶來損失。

　　爲什麼辦事情要講程序呢？我們不妨從程序的客觀性來做一些分析。事物存在的基本形式是空間和時間，事物的發展變化都是在一定的空間和時間裏展開的。事物的發展變化，從空間方面看，可以分解爲若干個組成部分；從時間方面看，各個部分都要佔用一定的時間並具有一定的次序。比如「種植」這

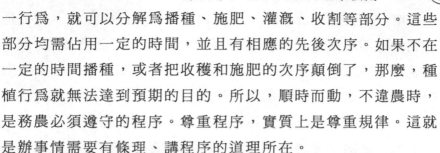

一行為，就可以分解為播種、施肥、灌溉、收割等部分。這些部分均需佔用一定的時間，並且有相應的先後次序。如果不在一定的時間播種，或者把收穫和施肥的次序顛倒了，那麼，種植行為就無法達到預期的目的。所以，順時而動，不違農時，是務農必須遵守的程序。尊重程序，實質上是尊重規律。這就是辦事情需要有條理、講程序的道理所在。

　　也許有人會存在這樣的疑慮：講程序會不會影響效率？其實，講程序與講效率是一致的。俗話說，沒有規矩不成方圓。不講程序，缺乏制度、機制、法規、紀律的規範和約束，無章可循，各行其是，不但許多事情辦不下去，而且整個社會也會陷入混亂之中，根本談不上效率。

　　譬如，一台功能強大的電腦，如果失去與之匹配的程序設計，其作用就難以發揮出來。從社會角度看，科學、嚴格、符合實際的程序有利於實現和維護國家、集體和個人的利益，違反規定程序的行為則會給國家、集體和個人帶來損害。在日常生活中，人們進行購物、乘車、參觀等，都要按先來後到的順序排隊，遵守規矩，各得其所。

　　很顯然，這樣做是公平合理的，也是富有效率的。而一旦有人不守規矩，不僅會使公平受到破壞，效率也無從保證。相反的，如果你每天都能按照計畫行事，效果就不同了。每天先用 15 分鐘寫下今天需執行事務的清單，之後，你就會清楚地知道，那些工作是今天必須完成的，那些工作是今後幾天內要完成的，那些又是長遠的目標，這樣你就會精確地找到需要優先處理的問題。從而避免被那些不重要的事情分散精力。

　　在現實生活中，通常有這樣兩種人。

第一種人性子很急躁，不管你在什麼時候碰見他，他都是一副忙碌不堪的樣子。跟他談話的時候，假如時間稍微長一些，他就會不時地拿出表一看再看，暗示他的時間很寶貴，表現出極度的不耐煩。他的公司雖然業務做得很大，但是效益總是不盡如人意，究其原因，就是他的工作安排得亂七八糟。除了上班時間，他的很多時間也都是在辦公室裏度過的，但他的辦公桌卻像個垃圾場。這樣的工作安排，不僅浪費了他很多時間，也直接影響了工作業績。

另一種人恰恰相反。每次碰見他，總是表現得很平靜祥和，做事情非常有條理，從來不會給人忙忙碌碌的感覺。別人跟他交談的時候，他也總是表現出極大的耐心，讓人覺得彬彬有禮。在他的辦公室裏，各類不同的資料都擺放得有條不紊，他每天都會整理自己的辦公桌。在他的公司裏，員工們各司其職，各種事情都安排得恰到好處，公司業績蒸蒸日上。儘管他經營的公司規模很大，但是從表面上別人卻從來也看不出他有絲毫的慌亂，每件事情都處理得乾淨俐落。他的工作作風影響到他的整個公司，上下形成了良性的連鎖反應。

工作沒有條理，又想把工作做好的人，總是感到人手不夠或者沒有時間，其實真正的原因在於他沒有把事情安排好。「辦事情條理化」已經被美國哈佛經典教材《管理之門》列為管理者必須做到的一項基本工作。

美國通用公司前任總裁韋爾奇將「辦事情沒有條理」列為許多公司缺乏效益的一個重要原因。要想在競爭激烈的職場上有所作為，「辦事情條理化」的作用是不可低估的。因此，遇到事情別忙著去做，先想好該如何去做往往能收到意想不到的效

果。

　　如果你把最重要的任務安排在一天裏幹事最有效率的時間段去做，你就能花較少的力氣，做完較多的工作。魯迅說：「那裏有什麼天才，我只是把別人喝咖啡的時間都用在工作上了。」亨利‧福特說：「大部分人都是在別人荒廢的時間裏嶄露頭角的。」時間對於每一個人來說都是公平的，能不能在一樣多的時間裏取得比別人更多的成績，關鍵看你能不能有效地分配和利用你的時間。有效利用時間也是提高工作效率的直接方法之一。

3

專注法則：一箭中矢的秘訣

　　古時候，有個射箭能手名叫飛衛。他射箭的本領十分高明，能夠百發百中，是遠近聞名的神箭手。

　　有個叫紀昌的青年，很想學得射箭的本領，就來到飛衛家拜他為師。飛衛說：「練射箭不能怕困難，首先要練好眼力，能夠盯著一個目標後，眼睛一眨也不眨才行。你回去練吧，練好了再來見我。」

　　紀昌回到家裏，認真地練起了眼力。他躺在妻子的織布機下面，用眼睛盯著穿來穿去的梭子，一練就是一天。就這樣日

復一日地練了兩年，就是有人用針紮向他的眼睛，他也能一眨不眨了。

紀昌高高興興地去見飛衛，告訴他自己的眼力已經練得差不多了，可以學習射箭的技術了。飛衛卻說：「這還不夠，你還要繼續練眼力，直到能把小的東西看大了，再來見我。」

紀昌又回到家裏，用一根頭髮拴住一隻螞蟻，把它掛在窗口，每天站在窗前，緊緊地盯著那只螞蟻看。日復一日地看了三年，那只螞蟻在紀昌的眼睛裏，簡直就像車輪那麼大了。

紀昌又去找飛衛，飛衛點點頭說：「現在可以教你射箭的本領了。」

從此，飛衛開始教紀昌怎樣拉弓，怎樣放箭。紀昌又苦苦地練了好幾年，終於有一天，他張開弓，輕而易舉地一箭便將螞蟻射穿，成了一位百發百中的好射手。

這就是專注於目標所具有的神力。

在運動場上，運動員是否進入狀態，直接影響到競賽成績；在舞臺上，演員是否進入角色，直接影響戲的成功與否。這是眾所週知的簡單道理。愛迪生說過，高效工作的第一要素就是專注。他說：「能夠將你的身體和心智的能量，鍥而不捨地運用在同一個問題上而不感到厭倦的能力就是專注。對於大多數人來說，每天都要做許多事，而我只做一件事。如果一個人將他的時間和精力都用在一個方向、一個目標上，他就會成功。」

遍佈全美的「都市服務公司」創始人亨利·杜赫曾提到，人有兩種能力是千金難求的，這兩種無價的能力分別是：

其一是思考能力；其二是集中力量在重要的事情上，全身心地投入工作的能力。告訴自己，當前的頭等大事就是儘快並

出色地完成手中的任務。每天早晨，當你走進辦公室或者進入你的工作區間時，無論是否面臨著一項新的任務，你都要清楚地、堅定地告訴自己，你將全力以赴地投入這項工作，摒除一切干擾，在工作完成之前決不三心二意。

有一個青年苦惱地對昆蟲學家法布林說：「我不知疲勞地把自己的全部精力都花在我愛好的事業上，結果卻收效甚微。」法布林贊許地說：「看來你是一位獻身科學的有志青年。」這位青年說：「是啊！我愛科學，可我也愛文學，同時對音樂和美術我也感興趣。我把時間全都用上了。」法布林從口袋裏掏出一個放大鏡說：「把你的精力集中到一個焦點上試試。」一個人的精力和時間本來是很有限的，在這種情況下，就該像學打靶一樣，迅速瞄準目標；像鐳射一樣，把精力聚於一束。

我們強調專注，就是要求我們在工作和解決問題時，每一次只做好一件事，把精力集中於正在做的那一件事情上。但是，如果一天之中還有空餘時間，還是可以多做好幾件事情的。我們只是強調，盡可能不要同時做兩件或兩件以上的事情，否則，你花的時間再多，也很容易使自己一事無成。

非常成功的企業家安德魯‧卡內基富可敵國，但令人佩服的是，他不但能將日常的工作事務處理得非常好，而且晚上的宴會他也是每場必到。白天忙碌完公務後，晚上仍能有充足的時間和大家一起吃飯玩樂；雖然手中工作繁忙，但有時他還能參加表演娛樂節日。他是如何運用自己的時間的呢？他說：「其實能夠輕鬆自如地做好大多數事情很簡單，只要你能夠安排好事情的輕重緩急，然後一次僅做一件事情，今日事今日畢，無論做任何事情都集中精力於一件事情上就可以了，僅此而已。」

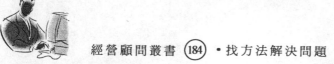

卡內基先生正是能夠每一次都把精力只集中於一件事情上，讓自己不受其他事情的干擾，所以能夠做出那麼多事情。這也是比一般人突出的能力！而一個做什麼事情都定不下心來，做事浮躁的人，只能是少有收穫的人。

瓦倫達是美國一個著名的高空走鋼索表演者，在一次重大表演中，不幸失足身亡。事後他的妻子說，她預感他要出事，因為上場前他總是不停地說，這次太重要了，不能失敗。而以前每次成功的表演前，他只想著走鋼索這件事本身，並不去管這件事可能帶來的後果。因為一旦進入狀態後，人們就來不及多想，就等於逼上梁山，背水一戰，只有一條路走到底，這樣反而容易成功。因此，無論是走在地獄還是天堂，都應抱著「走自己的路，讓人們去說吧」的心態。只有這樣，才能向著目標心無旁鶩地前進，這是每一個成功人上必備的素質。在工作中，你是否進入工作狀態，也決定了你的工作效率。有專家研究證明，只有集中了注意力，使另外一部分腦神經能力激發起來，才能使相關的神經積極活躍起來，從而進入一個人的最佳狀態。

在完成工作與解決問題時，學會集中精神、一次僅做好一件事情是很重要的。不僅如此，在學習、工作時我們需要集中精神，在遊玩享樂時，我們也一定要集中精神。元論我們在做什麼，除了正在做的這件事情之外，別的什麼事情都不要去想。

法國文豪大仲馬一生所創作的作品高達 1200 部之多。這個數字，幾乎是蕭伯納、史蒂芬等名作家的 10 倍。對於有些作家來說，這根本是「不可能完成的任務」。但如果你認為這是大仲馬與生俱來的寫作天賦造就的傑出成就，那麼，你就錯了。這正如哲學家亞當斯曾經說過的一句話：「再大的學問，也不如聚

精會神來得有用。」這句話，正是大仲馬的最佳寫照。他總是聚精會神地專注於寫作上。只要一提起筆，他就會忘記吃飯，就連朋友找他，他也不願放下手中的筆，總是將左手抬起來，打個手勢以表示招呼之意，右手卻仍然繼續寫著。

　　一個很簡單的事實：如果我們把子彈拋出去，它連很薄的布都穿不破；而一旦從槍膛裏把子彈射出去，它卻可以穿牆透壁。把陽光聚焦於一點，即使冬天也能輕而易舉地生起一團火。專注的力量在於，它能使你把精力集中起來，聚焦於一點上，並以最快的速度找到解決問題的方法。

4

時機法則：在適當的時候做正確的事

　　做事需要深思熟慮，計畫週詳才採取行動，所以大多數能夠一擊即中。但是，很多時候，事先不可能就把決策、計畫做得很完美。如果凡事都要考慮得很週全、很完美以後才願意付諸行動，那麼，不僅會降低效率，而且還會失去很多機會。較好的方法是在適當的時機做正確的事，這就是時機法則。

　　我們知道，商場上的競爭，很多時候制勝取決於時機，是否善抓機遇，在機遇面前果敢地進行科學決策，對企業的成敗起著至關重要、甚至是決定性的作用。中國儒家講「天時、地

利、人和」，兵家講「勢」，道家講「道」，都是說成功者必須順應規律，抓住時機。中國古代幾位著名的商家都毫無例外地是善抓機遇、果斷決策、從而取勝的行家裏手。子貢經商能做好「與時轉貨貨」，即善於根據市場供求變化的時機，從事轉手貿易，買賤賣貴，從中牟利。范蠡經商很善於審時應變，他曾說過：「從時者，猶救火……惟恐弗及」。白圭的經營特點更是善於「樂觀時變」、「智與權變」的高手，他一旦看準時機，則當機立斷。古人總結白圭經商能抓時機的特點是「趨時若猛獸摯鳥之發」，其捕捉商機，拍板決斷，迅猛、果敢、敏捷之狀不言自明。

瑞士人在鐘錶業歷史上的驕傲同遺憾一樣深。第二次世界大戰之前，全世界 90%以上的手錶都是瑞士生產的，幾乎全世界的人佩戴的手錶都是瑞士錶。

1969 年，瑞士人研製出了世界上第一隻石英電子錶，然而歷來固守傳統、崇尚「雍榮」、「華貴」的瑞士人卻瞧不起這種簡陋的「玩樂商品」，一甩手把它扔了。

日本人看準時機，卻把這種不太完美的東西當寶貝一樣抓住不放，而且花了大氣力、大價錢，大規模地投入了生產。正當瑞士人斜著眼睛嘲笑日本人時，手錶業的電子時代不可阻擋地降臨了。20 世紀 70 年代初，瑞士手錶尚佔到全世界手錶總產量的 40%，而到了 70 年代末，瑞士全國有 178 家錶廠倒閉，3 萬名表業工人無事可做，瑞士人傻眼了。由於目光短淺，造成了未來發展策略上不可彌補的錯誤。

現在，當全世界人都在津津樂道「精工錶」、「西鐵城」時，瑞士人知道，他們在鐘錶世界中的王者地位已經成為過去。

在我們的經驗中，最難傳授的法則就是時機法則。作為一個直覺的技巧，時機是無形的，這使得它解釋起來非常地困難。

時機是企業打開成功之門的「金鑰匙」。但要抓住它，必須瞭解時機的特性：一是普遍性，有市場，有經營活動，就客觀上存在著經營機會；二是偶然性，「踏破鐵鞋無覓處，得來全不費功夫」正是說明；三是時效性，機會的出現是與客觀條件相連，當客觀條件變化時，經營機會就會消失或流逝，「機不可失，時不再來」正說明了機會的時效性；四是開發性，即經過經營者的主觀努力，創造出經營機會出現的條件，從而引導消費，創造市場。當今世界一些大公司每年投入大量研究開發資金，研製新產品，創造機會，引導消費，佔領市場，席捲機會創造的豐厚利潤，就是充分利用機會的可開發性。

機會和風險是共存的。如何減低風險，關鍵在於根據時間、地點、條件來利用機會，來科學決策。

因此，要在最適當的時機，把自己放在最適當的地方，去做最正確的事。

在我們週遭，常常會發現這樣一些人，他們很有才智，而且非常勤奮，但是很少看見他們有出色的成績。他們遲遲不能有出色成績的原因，有一部分就是他們有完美主義傾向。這些人往往處於一種等待當中，他們一直在等待所有的條件都成熟。然而，現實情況是，當條件達到一定程度的時候，你就要動手去做，把握先機，只有這樣，你才可能取得成功。等待是等不出結果的。

在工作中，我們要學會當條件達到一定程度後，就當機立斷，不要為了追求一些細節的完美，而失去了最重要的東西。

5

滿意原則：沒有最好，只有更好

在古希臘的時候，哲學大師蘇格拉底的三個弟子曾求教老師，怎樣才能找到理想的伴侶。蘇格拉底沒有直接回答，卻讓他們走麥田埂，只許前進，且僅給一次機會選摘一支最好最大的麥穗。

第一個弟子走幾步看見一支又大又漂亮的麥穗，高興地摘下了，但他繼續前進時，發現前面有許多比他摘的那支大，只得遺憾地走完了全程。

第二個弟子吸取了教訓，每當他要摘時，總是提醒自己，後面還有更好的，當他快到終點時才發現，機會全錯過了。

第三個弟子吸取了前兩位的教訓，當他走到三分之一時，即分出大、中、小三類，再走三分之一時驗證是否正確，等到最後三分之一時，他選擇了屬於大類中的一支美麗的麥穗。雖說，這不一定是最大最美的那一支，但他滿意地走完了全程。

多數人看完這個故事以後，也就跟隨著故事本身的思路，把它解讀為有關愛情與婚姻的寓言，這雖然不錯，但卻遠遠沒有發掘出它的真正價值。如果這個故事的寓義真的停留在它的字面含義的話，蘇格拉底也就不成其為蘇格拉底了，而就等同

於講經佈道的牧師了。

　　這則小故事的真正價值在於：它深刻地向我們提示了管理學原則——滿意原則。這一原則可以簡明扼要地表達為：在面臨選擇時，要學會用滿意原則來代替最優化原則。

　　這一原則後來曾經被美圍經濟學家和社會科學家赫伯特‧西蒙深入論證。

　　在經濟學領域，有很長一段時間，經濟學家在進行分析論述時，習慣性地把人假設為以絕對理性指導，按最優化準則進行活動的經濟人或理性人。這種假設在剛剛出現的時候，也不失為一個很了不起的創造，因為它簡化了不同人性對人的經濟行為的影響，減少了經濟模型中的不確定因素，為許多重要理論突破提供了基礎。

　　從這一前提出發，管理學領域中也出現了對最優化結果的探索。如果說以前人們就像第一位弟子一樣，完全跟著自己的感覺走，不會對整個管理過程進行評估，因而喪失採摘更大麥穗機會的話，那麼，對最優化結果的追尋，則將這種不理性的管理轉上了理性管理的軌道，可以說是一次巨大的進步。

　　但是事實上，正如第二位弟子一路尋找最大的麥穗最後卻一無所得一樣，在管理過程中要找到真正的最優結果是無法做到的。如果企圖找個最好的，那麼不但最好的找不到，也許次好的也找不到。

　　最優化原則忽略了人性和環境的因素，而這些因素決定了人們不可能用理性作為管理與選擇的準則。我們可以說，最優化原則本身就是一個結果與前提的悖論。

　　要實現絕對理性就要有三個前提：

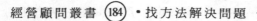

①決策者得對可供選擇的方案及其未來的結果要無所不知；

②決策者要有無限的估量能力；

③決策者的腦中對各種可能的後果有一個完全而一貫的優先順序。

實際上大家都很清楚，由於受到認識能力以及時間、經費、情報來源等方面的限制，沒有任何一個決策者能夠擁有足夠的條件完全滿足這些前提。

換句話來說，就像蘇格拉底的弟子不知道最大的麥穗在那裏一樣，同樣不可能做出完全合理的最優化決策。

反之，如果能夠滿足於找一個好的，也許在找好的過程中會碰到一個最好的；就像第三位弟子那樣，雖然知道自己採摘的可能不是最大的麥穗，但是綜合權衡外界的資訊，排列組合出各種可能性以後，明白自已可能面臨的損失會比機遇更大，因此寧可採摘一個最能使自己滿意的麥穗。

這種思想看上去似乎比「最優化原則」等而下之，實際上卻是最接近於管理實踐的一種思路。

我們把這種思想稱為「麥穗思想」。西方管理學家曾經提出所謂「管理人」的思想，意思大體與此相似。

用現實的「滿意」來代替「最優化」為行動原則，要求我們在生活的管理中不必考慮所有複雜的可能性，但是我們必須考慮到與問題有關的特定情況，在「想得到的」與「能得到的」之間進行一個綜合的權衡與評估。

舉個簡單的例子來說，按照蘇格拉底的「麥穗思想」，一個公司在管理中不能把追求最大限度的利潤作為首要的目標，而

應全面考慮生產目標、庫存目標、銷售目標、收益目標等，制定一個可行的「滿意目標」。

2000 年以來，有多少曾經風光一時的大公司折戟沉沙，它們的高管痛定思痛，幾乎都直接或間接地承認了當初片面追求高利潤的愚蠢。或許，這可以算作是「麥穗思想」的反證吧。

6

變通法則：學會「換地方打井」

早晨，涼炎的微風從窗外徐徐吹進，穿過窗對而的門出去，有一隻蒼蠅卻在玻璃窗的裏面碰撞，試圖飛到外面，窗子是開著的，成九十度角，蒼蠅一直在努力著，它認定只要是透光亮的地方它就可以飛越過去，如果窗上糊紙，它就在那裏一直鑽，左上右下找出路，實在萬分辛苦！但誰都知道，它永遠不會成功，直至它被消滅。蒼蠅如果稍稍懂得一點繞過障礙的方法，它就不會傻傻地丟掉生命了。

我們說「沒頭蒼蠅，處處碰壁」，意指不會思考問題。

其實，有時候我們自己也在做著與蒼蠅差不多的事情——只知拼命努力，而不知道變通，另找一條路走。

我們再來看下面的例子：

她是一家報社的編輯，工作很出色，但在人才濟濟的單位，

還沒有展現出最理想的光芒。在工作過程中,她發現有不少青年讀者,當工作和生活遇到了問題,卻沒有地方表達和交流,於是她提出一條新思路:開辦一條專門針對青年人的心理熱線。

這是一個全新的想法,但是在報社裏談不上什麼主流。因為更多的編輯和記者們,認為自己的工作主要是寫作和發表新聞稿件,要花時間幹這樣的事,未必值得,但主管還是同意了她的想法。熱線很快開通了,竟然產生了意想不到的效果:在社會上產生了極大的反響,電話幾乎打爆。眾多青少年的心聲,通過一條簡單的電話線彙集到了一起,也為這位編輯提供了很多寫新聞的素材。

後來,單篇的文章發表已經遠遠不夠了,報社乾脆在報紙上開闢了一個新的版面,名叫《青春熱線》,每週以 4 個整版的篇幅發表這些讀者的心聲。《青春熱線》後來成了該報社最受歡迎的欄目之一。

這個故事,發生在青年報社。她之所以能夠取得這樣的成功,有兩個十分重要的因素:

第一,在工作中,具有自動自發的精神。具有這種精神的人,往往能創造別人無法創造的機會和價值。

第二,在智慧的層面上,還有十分突出的一點——「換地方打井。」

「換地方打井」是著名思維學家、「創新思維之父」德・波諾提出的概念,用來形容他提出的平面思維法。1984 年,美國商人尤伯羅斯操辦洛杉磯奧運會,將奧運會一舉扭虧為盈。當記者採訪他時,他承認其中很重要的一點是學習了平面思維法。

那麼,什麼是平面思維法呢?

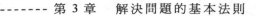
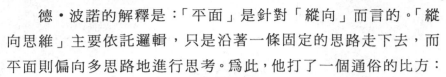

德‧波諾的解釋是：「平面」是針對「縱向」而言的。「縱向思維」主要依託邏輯，只是沿著一條固定的思路走下去，而平面則偏向多思路地進行思考。爲此，他打了一個通俗的比方：

第一個地方打井，老打不出水來。按縱向思考的人，只會嫌自己打得不夠努力，而增加努力程度。而按平面思維法思考的人，則考慮很可能是選擇井的地方不對，或者根本就沒有水，或者要挖很深才可以挖到水，所以與其在這樣一個地方努力，不如另外尋找一個更容易出水的地方打井。這也就是我們所說的變通法則。

「縱向」總是放棄別的可能性，所以大大局限了創造力。而「變通」則在很寬的平面上，不斷探索其他可能性，所以更有創造力。

其實，有不少優秀人上，也在通過自己獨特的方式來進行這種「換地方打井」的創造。

因此，遇到問題，我們應該學會改換思路。思路一改變，原來那些難以解決的問題，就有可能迎刃而解。

紐約市有一個著名的植物園，每天都有大批遊客參觀。但是有一個問題：一些遊客總是趁管理人員不注意將一些花卉偷走。後來，植物園換了一個管理員。他將公園的告示牌作了一點小小的改動，就徹底杜絕了偷花的現象。原來的告示牌上寫的是：「凡偷盜花木者，罰款 200 美元。」而現在，他將告示牌改爲：「凡檢舉偷盜花木者，賞金 200 美元。」爲何小小的改動能帶來這麼好的效果？聽聽這位管理人員的回答吧：「原來那麼寫，只能靠我的兩隻眼睛來監督。而現在，可能有幾百雙警惕的眼睛在幫我監督。」何等奇妙的轉換啊！

第四章

解決問題常用的思維方法

1

逆向思維法──倒過來看問題

　　當大家都朝著一個固定的思維方向思考問題時，而你卻獨自朝相反的方向思索，這樣的思維方式就叫逆向思維。例如「司馬光砸缸。」有人落水，常規的思維模式是「救人離水」，而司馬光而對緊急險情，運用了逆向思維，果斷地用石頭把缸砸破，「讓水離人」，救了小夥伴性命。

　　與常規思維不同，逆向思維是反過來思考問題，是用絕大

多數人沒有想到的思維方式去思考問題。運用逆向思維去思考和處理問題，實際上就是以「出奇」去達到「制勝。」因此，逆向思維的結果常常會令人大吃一驚，喜出望外，別有所得。

　　善於改變自己的思維，不按照常理去想問題，就會取得非同一般的成效。這就是說，換一種思維方式，倒過來看問題，可能會有助於解決一些很棘手的問題。

　　美國有一家大百貨公司門口的看板上寫著：無貨不備，如有缺貨，願罰十萬。一個法國人很想得到這十萬元，便去見經理，開口就說：「潛水艇在什麼地方？」

　　經理領他到大樓的 18 層，當真有一艘潛水艇。法國人又說：「我還要看看飛船。」經理又領他到 10 層，果然有一艘飛船。法國人不肯甘休，又問道：「可有肚臍眼生在腳下面的人？」他以為這一問，經理一定被難住，經理也的確抓耳撓腮，無言以對。這時，旁邊的一位店員應道：「我做個倒立給這位客人看看！」

　　下面，我們不妨進一步通過一些實例來說明逆向思維的優勢。

　　例如：關於給網球充氣。網球與足球籃球不一樣，足球籃球有打氣孔，可以用打氣針頭充氣。網球沒有打氣孔，漏氣後球就軟了、癟了。如何給癟了的網球充氣呢？專業人士首先分析了網球為什麼會漏氣？氣從那裏漏到那裏？我們知道，網球內部氣體壓強高，外部大氣壓強低，氣體就會從壓強高的地方往壓強低的地方擴散，也就是從網球內部往外部漏氣，最後網球內外壓強一致了，就沒有足夠的彈性了。怎麼讓球內壓強增加呢？運用逆向思維，專業人士考慮讓氣體從球外往球內擴

散。怎麼做呢？那就是把軟了的網球放進一個鋼筒中，往鋼筒內打氣，使鋼筒內氣體的壓強遠遠大於網球內部的壓強，這時高壓鋼筒內的氣體就會往網球內「漏氣」，經過一定的時間，網球便會硬起來了。

讓氣體從外向裏漏的逆向思維讓沒有打氣孔的網球同樣可以實現充氣。很顯然，通過逆向思維，把不可能變爲了可能。

由上推出逆向思維優勢一：在日常生活中，常規思維難以解決的問題，通過逆向思維卻可能輕鬆破解。

曾有一篇文章說到：一位中國人移民到了美國，因要打官司就對其律師說：我們是不是找個時間約法官出來坐一坐或者給他送點禮。律師一聽，大駭，說千萬不可，如果你向法官送禮，你的官司必敗無疑。那人說怎麼可能。律師說：你給法官送禮不正說明你理虧嗎？

幾天後，律師打電話給他的當事人，說：我們的官司打贏了。那人淡淡地說，我早就知道了。律師奇怪地問，怎麼可能呢？我剛從法庭裏出來。中國人說，我給法官送了禮。那位律師差點跳了起來，不可能吧！中國人說：的確送了禮，不過我在郵寄單上寫的是對方的名字。

這位的做法是否道德我們暫且不論，但卻是很典型的逆向思維，既然你們美國人認爲給法官送禮是理虧，那我就以對方的名義送禮，輕而易舉地贏得了官司。

由上推出逆向思維優勢二：逆向思維會使你獨闢蹊徑，在別人沒有注意到的地方有所發現，有所建樹，從而制勝於出人意料。

有一位趕馬車的腳夫，驅趕著一匹馬，拉著一平板車煤要

上一個坡。無奈路長、坡陡、馬懶，馬拉著車上了整個坡的三分之一就再也不願意前進了，任其腳夫抽打，馬只是原地打轉。腳夫這時招呼同行馬車停下，從同伴處借來兩匹馬相助。按常規的思維方式，一匹馬拉不上坡，另兩匹馬來幫助拉，那肯定是來幫忙拉車的。但腳夫並不是把牽引繩繫在車上，而是將牽引繩繫在自己那匹馬的脖子上。這時，只聽腳夫一聲吆喝，借來的兩匹馬拉著懶馬的脖子，懶馬拉著裝煤的車子，很快便上了坡。對腳夫這種做法你可能會感到疑惑，用借來的兩匹馬拉自己的懶馬，其結果仍然是自己的懶馬在使勁，另兩匹馬不但使不上勁，而且還有可能拉傷自己的馬。

腳夫也是運用了逆向思維。

今天，人們都已經熟悉了逆向思維這種方式，但到了實際情況中，特別是一些特殊情況，人們還是習慣於常規思維。因此，很多實際可以解決的問題，也就被人們看成無法做到、難以解決的問題。每個人看事物的時候，總會帶著一種自己的想法和看法，或者說是一種眼光，一個預先鋪設的背景，就像照相機的取景框一樣非常有局限性。我們把這種帶有個人主觀經驗背景的注意力叫做「框視」。

「框視」本身也無所謂好或壞，只是相對於我們的幸福快樂而言，會產生不同的結果。任何的人生遭遇所代表的意義，全取決於我們為它所配的「框視」。當你換了個「框視」，意義就隨之而變。要想改變個人，最有效的工具之一就是要曉得如何為自己的遭遇配上最好的「框視」。不同的框視會產生不同的態度，而不同的態度就會影響到不同的行為，不同的行為就導致了不同的結果。一個一個結果累積起來，就形成了我們的現

狀或者叫命運,而我們的現狀或命運又會塑造我們的框視。這是一個循環,可以是成功的循環,也可以是惡性循環,就取決於你怎樣框視!

既然不同的框視會有不同的結果,那麼,我們就要將一些引發不好結果的舊框換一個全新的框視。也就是說,在實際工作中,我們完全可以倒過來看待問題,這就是一個全新的框視了。

是啊,當你能夠從根本上扭轉對一個事物的看法時,帶給你的感受就大大地不同了,這個大大不同的感受也會帶給你大大不同的結果。所以,換一個思維角度,你就是贏家!

2

類比法 —— 學會舉一反三

舉一反三、觸類旁通一直是人類進行創造性思維的重要途徑和方式。它給你的想像力和創造力以一個更大的空間,從而達到事半功倍的效果。

18 世紀 60 年代初,英國北部卡都布萊克本地區住著一個名叫哈格裏沃斯的人,他和妻子一個織布,一個紡紗,以此度日。

有一天,哈格裏沃斯的妻子在紡織的時候,不小心把紡車

給碰倒了。奇怪的是，紡車上的紡錘從水準變成垂直，立了起來，仍然骨碌碌地轉動著。哈格裏沃斯就想：原來紡錘立著也能夠轉動。如果在一個框框中並排立著幾個紡錘，用同一個紡輪帶動它們，這樣不就同時可以紡好幾根紗了嗎？想到這裏，他非常高興，馬上就動手做了一個立式紡錘的紡車，在一個框框上並排安置了 8 個紡錘，一下子使工作效率提高了 8 倍。後來，哈格裏沃斯用女兒珍妮的名字為之命名，這就是「珍妮紡紗機」的由來。當時，誰也沒有想到，這樣一個發明，竟然成了「震撼舊世紀基礎」的槓桿，孕育了一場震撼整個世界的新的工業革命。

　　哈格裏沃斯因爲看到了碰倒的紡車，經過思考，觸類旁通，發明了「珍妮紡紗機」。同樣的，18 世紀中葉，在奧地利首都維也納，有一位名叫奧恩布魯格的職業醫生。有一次，他替一個病人看病時沒有發現病因，可沒有多久，病人就死了。後來，屍體解剖之後，他才發現病人的胸腔化了膿，積滿了膿水。從這以後，奧恩布魯格就一直思考著怎樣才能夠知道病人胸腔中是否積有膿水。

　　後來，一次偶然的機會，他看見經營酒業的父親用手指關節敲叩盛酒的木桶，根據不同的聲音估計桶中酒的藏量。他豁然開朗：人的胸膛不就像酒桶一樣嗎？能不能也用叩敲的方法去診斷胸腔中是否積有膿水呢？經過多次的臨床試驗，他終於發現了胸部疾病與叩擊胸部聲音的關係，寫出《叩診人體胸部，發現胸腔內部疾病的新方法》的醫學論文，從而發明了「叩診」這一醫療方法。

　　不僅僅是這些，施溫發現動物細胞中的細胞核，牛頓發現

221

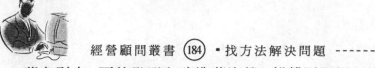

萬有引力,瓦特發明和改造蒸汽機,都離不開觸類旁通的思考。

在剛剛創業的時候,經營者發明了一種電子打火槍,產品很好,但苦於沒有銷路。後來,他決定參加廣交會,希望借這個平臺來打開銷路。

然而,在那麼大的一個展銷會上,怎麼才能夠引起買家的注意呢?突然間,他想起了中國茅臺酒打入國際市場的故事:

在巴拿馬國際博覽會上,茅臺酒無人問津。最後一天,銷售員乾脆將茅臺酒往大廳裏一摔,頓時酒香撲鼻,吸引了眾多客商和評委,並重新評選,將茅臺酒評為國際金獎。

這個故事啟發了他的思路,他決定採取類似的舉措:右手拿一支脈衝槍,手舞動,「啦啦啦,啪啪啪」地示範起來。嘴裏高呼:「Hello,Hello!」幽默的舉止與產品的示範,立即吸引了眾多客商,電子打火槍由此一炮叫響。

他的成功突破,就在於他在關鍵時刻能夠舉一反三,運用類比的方法。

所謂類比,是從兩個或兩類對象具有某些相似或相同的屬性的事實出發,推出其中一個對象可能具有另一個或另一類對象已經具有的其他屬性的思維方法。概括起來說,類比的作用主要有三條:①指引研究;②經驗移植;③有效地影響他人。類比的種類也有很多,包括形狀類比、功能類比、因果類比、對稱類比、模型類比等多方面。類比在指導發明和解決問題時,具有很大的指引作用,得到了思想家、科學家們很高的評價。天文學家開普勒說:「類比是我最可靠的老師。」哲學家康得說:「每當理性缺乏可靠的論證思路時,類比這個方法往往指引我們前進。」

　　現在，類比的作用受到了越來越多的重視。日本學者大鹿讓認為：

　　「創造聯想的心理機制首先是類比……即使人們已經瞭解了創造的心理過程，也不可能從外面進入類似的心理狀態……因此，為了給創造活動提供一個良好的心理狀態，得採用一個特殊的方法，簡單地說，就是使用類比。」事實上，人的認識的發展，總是從不熟悉到熟悉，對一新事物的認識總是以舊事物作為參照的。要創造新事物或對新事物的有效認識，首先得有對「相似性」敏感的直覺。當要創造某一事物而又思路枯竭的時候，就可通過類比，從自然界或人工物品中，直接尋找與創造對象、目的類似的對應物，這樣便可以減少憑空想像的缺點。如借用烏龜的原理，設計水、陸兩用車，仿效蝙蝠的飛翔，進行超聲波定向等等。

　　直接尋找類比的對應物，還有另一種類型：它並不是首先明確創造的目的，而是首先發現了某事物具有很值得借鑑的特點，然後再去尋找和創造有什麼東西可以與之對應。

　　走路時不小心踩到香蕉皮上，很容易滑倒，這是很多人司空見慣的一種現象。20 世紀 60 年代，一位美國學者卻對這一現象產生了濃厚興趣。他通過顯微鏡觀察，發現香蕉皮是由幾百個薄層構成的，層與層之間很容易產生滑動。由此，他突然想到：如果能找到與香蕉皮相似的物質，則能作為很好的潤滑劑。就這樣，經過再三實驗，一種性能優良的潤滑劑被製造出來了。

　　二戰後期，德國開始著手研究核武器。這一消息引起了已遷居美國的愛因斯坦等科學家的重視，他們希望說服羅斯福總

統，在美國也進行核武器的研究。羅斯福的好友——經濟學家亞歷山大‧薩克斯自告奮勇地去勸說總統，但總統對這些生澀的科學理論根本不感興趣，一口回絕了他的請求。第二天，薩克斯又去見總統。這次，他沒有談核武器研究，而是一開始就講起了歷史：

「英法戰爭時，拿破崙在海上連連戰敗。這時，一位叫富爾頓的年輕人發明了輪船。他找到拿破崙，說只要按他的方法製造輪船，就能打敗英國強大的艦隊。這本來是一個很可取的建議，但是由於拿破崙對這一新的發明不相信，認為輪船的使用根本不可能，因此錯過了戰勝英國的戰略良機。」

談完之後，富有遠見的羅斯福當即表示同意，並立即組織人研究原子彈，最終促使了原子彈的產生。

一位創造學家說得好：「要具備經驗遷移的能力，首先必須懂得舉一反三，觸類旁通。」

3

立體思維——將一棵樹栽在山頂上

在工作和生活中，人們進行思維活動時總會受過去的生活經驗和已有思維方法的影響，而不是從立體幾何的角度來進行思考。如果把人們習慣的思維層面作爲平面層次的話，那麼，立體思維者是站在更高思維層面上看平面層次上的問題，這樣立體思維者的眼界、解決問題的途徑自然要比平而思維者開闊得多。

一位心理學家曾經出過這樣一個測驗題：在一塊土地上種植四棵樹，使得每兩棵樹之間的距離都相等。受試者在紙上畫了一個又一個的幾何圖形：正方形、菱形、梯形、平行四邊形……然而，無論什麼四邊形都不行。這時，心理學家公佈出了答案，其中一棵樹可以種在山頂上！這樣，只要其餘三棵樹與之構成正四面體的話，就能符合題意要求了。這些受試者考慮了那樣長的時間卻找不到答案，原因在於他們沒有學會使用一種創造性的方法——立體思維法。

立體思維，顧名思義就是對事物進行立體的思索和考慮，它是在三維立體空間中考慮問題並進行發明創造的一種思維。如，人們現在利用樓頂建立的「空中菜地」,「空中花圃」等，

就是立體思維的具體運用。解決問題爲什麼需要立體思維呢？

從事物的客觀性看，要全面正確地認識客觀存在的事物，必須用立體思維。立體思維思考問題時常有三個角度：一是有一定的空間。世界上的萬物都在一定的空間存在。立體思維就充分考慮了事物存在的空間，就能跳出事物的本身，用更高的角度去觀察、思考問題；二是一定的時間空間。世界上的事物都是在一定的時間中存在，從時間的角度去思考，往往可以使我們作今昔的對比，從而瞻望未來，具有超前意識；三是萬物聯繫的網路。世界上的事物都不是孤立存在的，它們相互組成一定的聯繫。我們在事物的千絲萬縷在聯繫的網路中去思考問題，就容易找出事物的本質，從而拓寬創新之路。

從發明創造的歷史看，很多發明特別是具有影響的發明都是運用立體思維而發明成功的。如「日心說」戰勝「地心說」就是最強有力的證據。當古代人們站在地球上看太陽，太陽天天東升西落，圍著地球旋轉，直觀地形成了「地球中心說」，站在地球上看地球，看到的是一個靜止的圓平面；當哥白尼獨闢蹊徑，運用贏體思維，用運動的相對性原理，站在太陽上看地球，地球不但自西向東自轉，而且還圍繞著太陽轉，站在太陽上看地球，看到的是一個運動著的球，從而哥白尼提出了劃時代的「太陽中心說」，否定了統治西方長達一千多年的「地心說」。

立體思維要求人們跳出點、線、面的限制，有意識地從上下左右、四面八方各個方向去考慮問題，也就是要「立起來思考」。其實，有不少東西都是躍出平面，伸向空間的結果。小到彈簧、發條，大到奔馳長嘯的列車，聳入雲天的摩天大廈……最典型的要數電子王國中的「格裏佛小人」——積體電路了。

在電子線路板上也製造出立體形的，它不僅在上下兩面有導電層，而且在線路板的中間設有許多導電層，從而大大節約了原材料，提高了效率。

科學家在研製飛機、導彈和衛星時需要運用非常複雜的電子設備，裝配這些設備往往需要幾十萬甚至幾百萬個電晶體、電阻、電容等電子元件，這樣的設備體積十分龐大，攜帶和使用也不方便。後來，他們將各種電子元件由平面式的接線方式改爲立體式的連接，充分利用真空擴散、表而處理等方法，製成了平面型的電晶體、電阻、電容。這些很薄很薄的元件通過層層重疊的方式組裝起來，就構成了微型組合電路，再在一個單晶矽片上做成積體電路。這樣，一個 5 平方毫米的矽片上可集成 27000 個元件。正是由於有了這種積體電路才有了電子手錶、電子計算器等袖珍電子產品。那麼，怎樣掌握和運用立體思維呢？

首先，要養成整體看問題的習慣，克服平面思維的單一性。由於我們從小就在學習一個問題一個答案，找到一個答案便自以爲是萬事大吉；由於我們從小就學習在平面上考慮問題，忽視在空間在立體中考慮問題；由於我們總是將問題靜止的擺在面前以求解決，忽視在動態中考慮問題；由於我們所受的教育多屬集中思維，思維形式單調。由於以上種種原因，使我們形成了極爲狹窄的解決問題的模式，而且已形成思維定勢。思維定勢雖然有解決問題可以觸類旁通的好處，但對創造發明卻是不利的。因此，要練習立體思維，就要突破這種思維定勢，養成整體看問題、在立體中思考問題、在動態中看問題的習慣。據說有的人對「栽四棵樹，每棵樹的距離必須相等，而且要組

成四個三角形」的測試題持懷疑態度，擺來擺去認為該題出錯
了。為什麼會產生並懷疑此題出錯了呢？主要是平面思維在作
怪，是自己在平面上裁來裁去的結果，當你拋棄平面思維，運
用立體思維把樹栽在山頂上一棵，等距離栽在山下面三棵的時
候，此題便迎刃而解。

其次，要養成多角度看問題的習慣，克服平面思維的片面
性。多角度的看問題是解決思維定勢的最有效的方法，也是發
明者應該具備的素質。宋朝大文學家蘇東坡在詠廬山時吟道：
「橫看成嶺側成峰，遠近高低各不同。不識廬山真面目，只緣
身在此山中。」為什麼身在廬山而不識廬山面目呢？產生這種
現象的原因，關鍵是看問題的方法不當，或者只看到一面山坡，
或者只看到一條山澗，或只看到山頂，或者只看到山腰等等，
就像盲人摸象一樣都是局部的、片面的。要改變認識的局部性
和片面性，就要多角度地看問題，不但要看前看後，也要看左
看右，不但要看內，也要看外，不但要從下往上看，也要從上
往下看，不但要在山上看，也要創造條件(如乘飛機)在空中看，
跳出廬山看廬山，看的才更全面。變換角度是一個運用立體思
維尋找成功的過程。一個有較多空間結構知識、熟悉各種空間
幾何圖形的人，比一個只有較少平面結構知識、只瞭解一些平
面幾何圖形的人，想像能力要大得多。

立體思維本身也是一種思維觀念。在立體思維者眼中，沒
有什麼問題是孤立存在的，他們總是習慣於站在一定的高度，
把具體問題和許多與之具有相關的因素一同加以審視。

大凡真正具有智慧的人，都不會在所謂的陰影或困境當中
怨聲載道。而是充滿信心地從中尋找新的有利條件。

4

橫向思維法——所羅門王的聰明裁決

《塔木德》中有這樣一則故事：所羅門時期的某個安息日，有 3 個猶太人來到耶路撒冷，由於身邊帶錢過多不方便，大家商議將各自帶的錢埋在一塊，然後就出發了。結果，其中有個人又偷偷溜回來，將錢挖走了。

第二天，大家發現被盜了，便猜想一定是自己人所爲，但又沒有證據證明是那個人所爲，於是，3 人便一起去素以斷案英明的所羅門王那裏，請求仲裁。

所羅門王瞭解事情經過後，什麼話也沒問，只是說：「這裏恰好有道題解不開，請你們 3 位聰明人幫忙解一下，然後我再爲你們裁決。」

問題是這樣的：有個姑娘曾答應嫁給某男，並訂了婚約。但不久以後，她又愛上了另一個男子，於是她便向未婚夫提出解除婚約。爲此，她還表示，願意付給未婚夫一筆賠償金。但這個男青年無意於賠償金，痛快地答應了她的要求。由於姑娘很富裕，不久又被一個老頭拐騙了。後來，姑娘對老頭說：「我以前的未婚夫不要我的賠償金就和我解除了婚約，所以，你也應該如此待我。」

於是，老人也同樣答應了她的要求。

所羅門講完故事後，詢問那 3 個人：姑娘、青年和老頭，誰的行為最值得讚揚？

第一個人認為，男青年能夠不強人所難，不拿一點兒賠償金，其行為可嘉。

第二個人認為，姑娘有勇氣和未婚夫解除婚約，並要和真正喜愛的人結婚，其行為可嘉。

第三個人說：「這個故事簡直莫名其妙，那個老頭既然為了錢才誘拐姑娘的，可為什麼又不拿錢放她走了呢？」

這時，所羅門王大喝一聲：「你就是偷錢的人！」

然後，他才解釋道：「他們兩人關心的是故事中人物的愛情和個性，而你卻只想到錢，肯定你是小偷。」

如果按現在的審判程序來看，所羅門王的斷案方法難免有些主觀武斷，但他用旁敲側擊、轉移視線的方法來突擊窺測罪犯的心理，也有其一定的道理。第三個人問得確實合乎邏輯，但所羅門正是借悖謬來洞察人的心理，那兩個人都被故事情節轉移了視線，說明其心裏很坦然，唯獨第三個人卻只注意錢，這豈不是和偷錢有關係？

解決問題的時候思路必須靈活，當採取直接的方法有困難的時候，就要考慮採用旁敲側擊、迂迴曲折的手段。從思維方法上講，這是一種橫向（側向）思維法。

橫向思維是愛德華・德波諾教授針對縱向思維——即傳統的邏輯思維——提出的一種看問題的新程式、新方法。他認為縱向思維者對局勢採取最理智的態度，從假設一前提一概念開始，進而依靠邏輯推理認真解決，直至獲得問題答案；而橫向

思維者是對問題本身提出問題、重構問題，它傾向於探求觀察事物的所有的不同方法，而不是接受最有希望的方法，並按照去做。這對打破既有的思維模式是十分有用的。

縱向思維是需要步步正確，但橫向思維可能繞個彎、甚至是逆向而行，卻有效地解決了棘手的難題。戰國時代齊將田忌與齊王賽馬，孫臏所出主意「今以君之下駟與彼之上駟，取君上駟與彼中駟，取君中駟與彼下駟」，終使田忌三盤兩勝，得金五千。這也是橫向思維所生妙想最經典的實例。

愛德華‧德波諾提出了一些促進橫向思維的方法：

第一，對問題本身產生多種選擇方案（類似於發散）；

第二，打破定勢，提出富有挑戰性的假設；

第三，對頭腦中冒出的新主意不要急著做是非判斷；

第四，反向思考，用與已建立的模式完全相反的方式思維，以產生新的思想；

第五，對他人的建議持開放態度，讓一個人頭腦中的主意刺激另一個人頭腦裏的東西，形成交叉刺激；

第六，擴大接觸面，尋求隨機資訊刺激，以獲得有益的聯想和啟發（如到圖書館隨便找本書翻翻；從事一些非專業工作等）等等。

橫向思維運用於企業管理過程之中，變成了通過管理中的橫向思維課程。借鑑、聯想、類比，充分利用其他領域中的知識、資訊、方法、材料和自己頭腦中的問題或課題關聯起來，從而提出創造性的設想和方案。按創始人愛德華的觀點，縱向思維者依賴於前提、概念、邏輯，具有相當的局限性，而橫向思維者是對問題本身提出問題，重構問題，它傾向於觀察事物

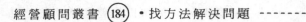

的所有方面——「縱向思維是在挖深同一個洞，橫向思維是嘗試在別處挖洞。」

善於「在別處挖洞」的企業，在競爭中更易立於不敗之地。

佛勒是一個靠 8 美分賣掉一把小刷子起家的刷子大王。後來，大家看到做刷子有利可圖，紛紛生產，結果給他的公司造成了很大的壓力。佛勒感到競爭激烈，於是大膽地將目光從一般百姓身上移到了軍人身上。

當時正是世界大戰期間，他精心設計了一種擦槍的刷子，並找到有關人士說：這種特製擦槍的刷子，可以將槍擦得又快又好。有關人士接受了他的建議，和他的公司簽訂了 3400 萬把刷子的合約。這種「在別處挖洞」的策略，使他賺了一大筆錢，更加奠定了他的「刷子王國」的地位，讓其他還在百姓領域裏爭奪消費者的人望塵莫及。

幾十年來，美國飲料市場一直是可樂的天下，直到 1968年，七喜汽水提出了「非可樂」的定位策略。七喜是一種碳酸汽水，在它的系列廣告中，一直強調自己是「非可樂」，並告訴消費者，清涼飲料有兩種：一種是可樂，一種是「非可樂」，如果喝膩了可樂，七喜是你的另一種選擇。「非可樂」的定位廣告推出後，受到人們的喜愛，一年內，銷售量僅次於可口可樂和百事可樂，居第三位。

橫向思維是一種創造性思維，靈活運用橫向思維可以輕鬆地產生新想法，擺脫固有的思維模式和思維慣性，打破了創新的神秘感，並使想法變成一種可操作的創新技能。

5

系統思維法——避免開無效會議

　　某大型製造公司召開總經理例會，總經理大發雷霆，銷售部為什麼沒有把貨及時發給客戶？客戶都投訴到我這兒來了。

　　銷售部經理理直氣壯地說，生產部沒有生產出來，我拿什麼去給客戶發貨！總經理追問生產部為什麼沒有按時完成訂單？這時生產部經理站起來回答，採購部的材料沒有及時到位！總經理轉而問採購部經理，材料為什麼沒有及時到位？採購部經理站起來回答，財務部經理沒有把貨款及時打給外協廠商，而且只打了 30%貨款，那個廠商願意給你供貨，能採購回來都不錯了！再說了一分錢一分貨，而且品質這樣都不錯了。總經理有點惱怒地看著財務部經理，怎麼沒有及時付款，你不知道這批貨很重要嗎？財務部經理說，我們沒有那麼多的現金！我們的產品品質很差，客戶要把貨退回來，而且因為我們公司產品品質差，客戶銷售不出去產品，沒有貨款。總經理問到品質部經理，怎麼沒有控制好品質？品質部經理站起來回答，原材料本身就有問題，我們要是再把原材料退回給廠商，那麼我們的貨就要延期，客戶就要根據合約罰款！總經理說，那我們總不能因為交貨時間緊就把劣質材料放進來。問題是我

們沒有及時採購回好的材料，採購部經理說沒有更多的資金去採購好的材料，品質部經理如是說。

總經理無語，呆了一會說了句散會，大家就作鳥獸散，公司就是每天開這樣的無效會議……

針對我們上面舉的企業案例，以生產部經理爲例，首先承擔本部門的責任，再運用系統思維，站在不同部門的角度去看問題，那就是截然不同的結果。「對不起，總經理這是我的錯，請你原諒，首先我們沒有及時地跟採購部說明這個訂單的重要性；其次我們安排的生產計畫不太合理，因爲採購產品延期，我們生產部應該採取兩班倒甚至三班倒儘快完成訂單；再次我們應該同品質部多溝通，使產品品質在合理的範圍內得到控制；最後應同行銷部經常溝通，以便明確產品的確切交期。」那麼生產部經理站在品質部的角度去想問題，要是產品品質在生產線上控制不好，會給品質部帶來大量工作。然後站在採購部的角度去看問題……

這需要系統思維法解決問題。

系統方法，是歷史悠久面又最有創造性的思維方法之一。系統方法，主要包括 5 個方面：系統的整體性、系統的有機聯繫性、系統的層次性、系統的環境性、系統的動態發展性。要掌握和運用好系統方法，應該做到：

(1)把點對點的關係變爲系統關係

辦企業，缺少資金是經常碰到的事。假如你開辦的企業，前景很好，但是突然缺少資金了，從銀行借不到，從別的地方也難以籌集，這時候，你會怎麼辦？如果一時想不出更好的辦法，那麼，希望下面的這個故事，能夠給你些啓示。

一次，「酒店大王」希爾頓在蓋一座酒店時，突然出現資金困難，工程無法繼續下去。在沒有任何辦法的情況下，他突然心生一計，找到那位賣地皮給自己的商人，告知自己沒錢蓋房子了。地產商漫不經心地說：「那就停工吧，等有錢時再蓋。」

希爾頓回答：「這我知道。但是，假如老蓋不下去，恐怕受損失的不只我一個，說不定你的損失比我的還大。」

地產商十分不解。希爾頓接著說：「你知道，自從我買你的地皮蓋房子以來，週圍的地價已經漲了不少。如果我的房子停工不建，你的這些地皮的價格就會大受影響。如果有人宣傳一下，說我這房子不往下蓋，是因為地方不好，準備另遷新址，恐怕你的地皮更是賣不上價了。」

「那你要怎麼辦？」

「很簡單，你將房子蓋好再賣給我。我當然要給你錢，但不是現在給你，而是從營業後的利潤中分期返還。」

雖然地產商老大不情願，但仔細考慮，覺得他說的也在理，何況，他對希爾頓的經營才能還是很佩服的，相信他早晚會還這筆錢，便答應了他的要求。

在很多人眼裏，這本來是一件完全不可能做到的事，自己買地皮建房，但是最後出錢建房的，卻不是自己，而是賣地皮給自己的地產商，而且「買」的時候還不給錢，而是從以後的營業利潤中還。但是希爾頓做到了。

為何希爾頓能夠創造這種常人不可思議的奇蹟呢？

就在於他妙用了一種智慧——系統智慧。其中最根本的一條，是他把握了與對方並不只是一種簡單的地皮買賣關係，而更是一個系統關係——他們處於一損俱損、一榮俱榮的利益共

同系統中。

(2)學會「1+1>2」

1+1>2 這主要是由於系統的整體性與有機聯繫性所致。我們且來看著名的「田忌賽馬」的故事。

孫臏是戰國時期的著名軍事家。齊國大臣田忌喜歡和公子王孫們打賭賽馬，但總是輸。於是，孫臏對田忌說：「您只管下重注，我包您一定能贏。」

賽馬時，孫臏讓田忌用自己的上等馬跟別人的中等馬比賽，用中等馬與別人的下等馬比賽，再用下等馬對付別人的上等馬。結果三場比賽，田忌勝了兩場。

孫臏之所以能讓田忌穩操勝券，在於他將整個賽馬活動當成了一個系統來處理。雖然以下等馬和對方的上等馬比，非輸不可，但是另外的兩場比賽，卻是每場都贏。這不就創造了「1+1>2」的奇蹟嗎？

(3)妙造「自解決系統」。

系統的最高境界，是製造「自解決系統」，即問題可以通過要素之間的相互關聯和作用，將問題自行解決。

下面請你做一個小小的思維練習：

某地由於一些工廠排放污水，使很多河流污染嚴重。有關當局採取了不少措施，如罰款等，但還是解決不了問題。請你開動腦筋想一想：怎樣才能讓工廠既能繼續生產，又不至於污染河流？

著名思維學家德•渡諾對此提出的設想是：可以立一項法律——工廠的水源輸入口，必須建立在它自身污水輸出口的下游。

看起來這是個匪夷所思的想法，但它確實能有效地促使工廠進行自律：假如自己排出的是污水，輸入的也將是污水，這樣一來，能不採取措施淨化輸出的污水嗎？

6

創新思維法──怎樣才是最好的木匠

在英文中，創新(Innovation)一詞起源於拉丁語。它原意有三層含義，第一是更新，第二是創造新的東西，第三是改變。創新是人類進步的動力和源泉。成功者成功的一大要素，就是他們敢於打破傳統，勇於改變，在改變與創新中尋求發展。

在一個遠方的國家，有兩個非常傑出的木匠，他們的手藝都很好，難以分出高下。

有一天，國王突發奇想：「到底那一個才是最好的木匠呢？不如我來辦一次比賽，然後封勝者為『全國第一的木匠』。」

於是，國王把兩位木匠找來，為他們舉辦了一次比賽，限時 3 天，看誰刻的老鼠最逼真，誰就是全國第一的木匠，不但可以得到許多獎品，還可以得到冊封。

在那 3 天裏，兩個木匠都不眠不休地工作。到了第三天，他們把已雕好的老鼠獻給國王，國王把大臣全部找來，一起做本次比賽的評審。

第一位木匠刻的老鼠栩栩如芒、纖毫畢見，甚至連鼠鬚也會抽動。

第二位木匠刻的老鼠則只有老鼠的神態，卻沒有老鼠的形貌，遠看勉強是一隻老鼠，近看則只有三分像。

勝負即分，國王和大臣一致認為第一個木匠獲勝。

但第二個木匠當廷抗議，他說：「大王的評審不公平。」

工匠說：「要決定一隻老鼠是不是像老鼠，應該由貓來決定，貓看老鼠的眼光比人還銳利呀！」

國王想想也有道理，就叫人到後宮帶幾隻貓來，讓貓來決定那一隻老鼠比較逼真。

沒有想到，貓一放下來，都不約而同地撲向那只看起來並不十分像的「老鼠」，啃咬、搶奪；而那只栩栩如生的老鼠卻完全被冷落了。

事實擺在面前，國王只好把「全國第一」的稱號給了第二個木匠。

事後，國王把第二個木匠找來，問他：「你是用什麼方法讓貓也以為你刻的是老鼠呢？」

木匠說：「大王，其實很簡單，我只不過是用魚骨刻了只老鼠罷了！貓在乎的根本不是像與不像，而是腥味呀！」

人生的競賽往往是這樣，獲勝者往往不是技巧最好的，而是那些最肯懂腦筋，最有創意的人。

人如果具有強烈的創新意識，經常用創新思維思考問題，必定會帶來新的經營和發展的思路。

有一個聰明的蘋果供應商總是能想出好的辦法來讓自己的產品有好的銷量。有一年，市場預測該年度的蘋果將供大於求，

使得眾多的蘋果供應商和行銷商暗暗叫苦，他們似乎都已認定：他們必將蒙受損失！但是，這個供應商卻沒有陷入這種普遍的認識中，他想：如果在蘋果上增加一個「祝福」的功能，即只要能讓蘋果上出現表示喜慶與祝福的字樣兒，如「喜」字「福」字，就能賣個好價錢！

於是，當蘋果還長在樹上時，他就讓果農把提前剪好的紙樣貼在了蘋果朝陽的一面，如「福」、「壽」、「喜」、「吉」等。由於貼了紙的地方陽光照不到，蘋果上也就留下了痕跡——比如貼的是「吉」，蘋果上也就有了清晰的「吉」字！

結果，這樣的蘋果一上市就供不應求，這位供應商的生意異常紅火。其實想想，這樣的蘋果、這樣的創意也的確領先於人，因為這樣的蘋果是別人所沒有的。

到了第二年的時候，那位供應商的辦法別人都學會了，這時，他又想出了個好辦法：他的蘋果上不僅有「字」，而且還能鼓勵青睞者「成系列地購買」——他將他的蘋果一袋袋裝好，且袋子裏那幾個有字的蘋果能組成一句溫馨的祝詞，如「祝您壽比南山」、「祝你們愛情甜美」、「祝您中秋愉快」等，於是人們再度慕名而至，紛紛買他的蘋果作為禮品送人！所以，他的蘋果仍然賣得最火。

思維需要不斷地轉變，才能產生更多的新奇思路。如果你想要在某一領域保持領先地位，就不要老是跟在別人後面走，而應該積極去探索，尋找新的東西。有探索才會有創新，有創新才會有好的思路，從而更容易成功。

《伊索寓言》裏有一個很富啟示的小故事：

一位窮人在一個暴風雨的日子到富人家討飯。那富人家的

僕人呵斥道：「滾開！」窮人說：「只要讓我進去，在你們的火爐上烤乾衣服就行了。」僕人以為這不需要花費什麼，就讓他進去了。這個可憐的窮人，這時請求廚娘給他一個鍋，以便讓他「煮點石頭湯喝」。

廚娘聽到後感到很驚訝，同時也很好奇：「石頭湯？我倒想看看你怎樣用石頭做成湯。」窮人於是到路上揀了塊石頭洗淨後放在鍋裏煮。過了一會兒，窮人說：「這湯總得放點鹽吧！」於是廚娘給他一些鹽，後來又給了些碎菜葉，最後，又把能夠收拾到的碎肉末都放在湯裏，結果呢？這個窮人當然是美美地喝了一鍋肉湯。試想，如果這個窮人開始時就對僕人說「行行好吧！請給我一鍋肉湯」，肯定什麼也得不到。因此，伊索在故事結尾處總結道：「堅持下去，方法正確，你就能成功。」

在如今這個新事物層出不窮的變革時代，創新已經變得極其重要了。這不僅是生存的需要，更是發展和成功的需要。創新失敗已經不是恥辱，不創新才是恥辱。今天一個人要想立足於社會，將以有無創新意識和創新能力來最終論定成敗。

美國管理專家德魯克曾說：「創新是創造了一種資源。」事物的確也是如此，不破不立。創新不需要天才，創新只在於找出新的改進方法。創新有時只需要一個小小的改變，只要能跳出傳統守舊的觀念，將自己的思維方式巧妙地變一變，往往就會產生意想不到的效果。正如有人所說：「你只要離開常走的大道，潛入森林，就肯定會發現前所未有的東西。」

著名的建築大師格羅培斯設計的狄斯奈樂園主體工程竣工後，對園內景點與景點之間的小路不甚滿意，修改了幾十次，都不太理想，他只好放下這項工作到國外去度假。一天，他在

法國南部的一個葡萄園門口，發現買葡萄的人絡繹不絕，人們只要往園門口的箱子裏投幾個法郎，便可到園子裏隨意摘上一籃葡萄，這種任意採摘的方法，吸引了許多過往的人。格羅培斯看了頓生靈感，當即電話通知樂園施工者，在園內撒上草種，提前開放。園內的小草長出來了，在沒有道路的景點與景點之間，遊人踩出了許多小路。第二年，格羅培斯按照踩出的痕跡。鋪出了人行小路。這些黃色小路點綴在綠草之間，縱橫交錯，幽雅自然，美不勝收。後來，他的設計獲得了 1971 年國際藝術最佳設計獎。

　　人的可貴之處就在於創造性思維，但創新並不是多麼高深莫測的，人人都會創新，也能創新。窮人能討到飯吃，便是創新；把別人以爲不可能的事做成丁，便是創新。

7

加減思維法——加減都可解決問題

一談到解決問題的科學的方法，許多人都覺得莫測高深。我們現在來講一種最簡單的方法：加減法——一種將事物要素數量進行增加和減少的思維方法。

《易經雜說》說：「宇宙間的一切道理，都是一加一減，非常簡單。」

用更通俗的話講，就是世界上所有事物都是某種元素加上或減去其他若干元素而形成的。正因為加減原理在萬事萬物中的普遍性，所以它應用起來也極為普遍而簡便。

先來看加法，不足則加。有時添加一點兒東西，就能大大提高成功的「變數」。增加寬容，能減少煩惱；增加學問，能減少無知；增加威嚴，能減少輕視；增加德行，能減少嫉妒與算計⋯⋯

(1)巧用加法

善用加法的例子在現實生活中可信手拈來：如常用的手機加攝像器、加 MP3 播放器等變成多媒體手機便是大家最熟悉的。

10 多年前，有人曾做過一個運用加法解決問題的小實踐。

當正在轟轟烈烈地開展「無假貨」的活動。一位商店老闆

非常積極地支持這一活動，並且表示如果有人在他的店裏買到一件假貨，將獲得一萬塊錢的賠償，希望以此來帶動店裏的生意。但十分遺憾，此舉並沒有達到預期的效果。

商店老闆的一個朋友聽了他的故事後，給他出了一個主意：在門口貼一個告示牌：「奉贈一萬元！」

一萬元在當時可是一個很大的數目。不少人經過這裏，都忍不住到店裏看看，進去之後，就會得知謎底。因為裏面有一個更詳細的告示：「本店商品，如發現有任何一件是假貨，本店將奉贈一萬元，以作為賠償！」

這一來，去該店的客人越來越多，一傳十，十傳百，生意很快火了。這只不過是在門幾多加了一塊牌子，效果卻是大大的不同！

日本有家百貨店開張了一段時間，生意一直不太好。老闆冥思苦想出奇制勝之道，最後想出一個絕招：讓員工到市內各家小飯店去吃飯，並調查一個問題：那家飯店的咖喱飯最好吃？

調查結果出來後，公司將那家咖喱飯做得最好的小飯店，請到百貨店內營業，並讓飯店將咖喱飯的售價降低 4 成，降低的部分由百貨商店補貼。

於是，這家百貨店咖喱飯價廉物美的消息，幾天內就傳遍了全市，一時間，顧客盈門。他們除了吃咖喱飯，還會順便到百貨店裏買東西，百貨店的銷售額直線上升。

商店裏加一處做咖喱飯的地方也收到了「加法」帶來的絕妙效果。

(2)善用減法

現在，我們來看看減法。所謂減，首先是去掉那些障礙或

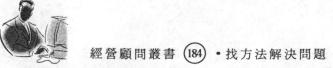

破壞成功的東西。兩軍對壘，通過消滅對方的有生力量，自己才能強大，這是減；朋友誤會，想法子冰釋前嫌，這是減；破釜沉舟，這是減去苟且偷生之念，置之死地而後生；杞人何必憂天？這也是減，減掉不必要的憂慮和煩惱，它可以使人生更加輕鬆……

減法還是節省，比如戴爾電腦的直銷模式，由於去掉了中間的環節，不僅節省了大量的成本，而且也因為個性化的服務，更符合顧客需求，擁有了很大競爭力。

貨艙式銷售的方式，被認為銷售上的一場革命。這種方式的產生，也來源於對減法的運用：原來的商場都要裝飾得漂亮，但這並不是所有消費者都需要的。相當多的消費者，看重的只是產品的價格和品質。於是有人果斷地將裝飾漂亮的功能去掉，而將壓縮下來的成本用於商品售價，結果取得了很人的成功。

減法還有一大功效，那就是在發明創造的過程中，淘汰「不可能」。許多科學研究的成功，都是通過逐步排除的方式，將各種「不可能」的路徑排除，最後剩下唯一的「可能」。

1816 年，世界上第一架照相機發明了。10 年後，有人利用發現的一種感光材料成功地拍出了第一張可以永久保存的照片。但每拍一張這樣的照片，需要在太陽下曝光整整 8 個小時，很不實用。於是許多人投身到了探索照相術的奧秘中，法國藝術家、風景畫家達蓋爾就是其中之一。

一次偶然的機會，達蓋爾無意中將鑰匙留在一塊曾經用碘處理過的金屬板上，結果發現鑰匙的影子居然留在了板子上。他對發現這種新的感光材料十分興奮，進行了專門的試驗，結

果拍出影子來了，但感光後形成的圖像很薄，肉眼幾乎看不到。

　　一天，他在藥箱中找藥品，發現裏面的一張曝過光的廢底片竟然十分清晰。到底是藥箱中的那種藥起了作用？從第二天開始，他在每天放進底片的同時取出一瓶藥。這樣，如果有效藥品被取走的話(一一減去)，底片就不會顯像了。

　　奇怪的是，藥品全部取完了，底片依然清晰地顯像。達蓋爾百思不得其解，他又仔細地查看了一遍箱子，發現箱底除了一些水銀外，什麼也沒有。難道是水銀在起作用？達蓋爾馬上動手試驗，答案終於找到了：是水銀的蒸發造成底片顯像。這樣，達蓋爾解決了顯像問題。

　　(3)妙用加減聯用法

　　有時候，僅僅用加法或者減法是無法解決問題的，還需要加減法聯用。

　　漢高祖時，裂土封王，劃地封侯，使得劉姓諸侯坐大，中央權威越來越喪失，此後，幾代皇帝都想盡一切辦法解決這一問題。漢文帝對諸侯一味實行加法——推恩，雖然以德服天下百姓，但諸侯的勢力日益強大，一些諸侯甚至開始與朝廷分庭抗禮。

　　到了漢景帝時，景帝則聽從晁錯的意見，一味運用減法——裁削諸侯，結果引起「七國之亂」，不僅沒有解決問題，連提出倡議的晁錯也被七個諸侯王借「清君側」的名義殺掉了。

　　然而，到了漢武帝時，卻只用謀士主父偃的一個小小的點子就將問題解決了。這就是：推恩、散勢。推恩就是將對諸侯的恩推到其子孫輩。每個王侯的子弟都有十多個，給所有諸侯王的子弟封侯，讓他們都蒙受皇帝的恩寵。而散勢，就是中央

不再拿出一塊土地來給這些新封的王侯。分封給新王侯的土地，全來自那些原來的王侯本身。這樣一來，實際上瓜分了諸侯國的土地。不動一兵一卒，他們的勢力就分散了，一個困擾幾代皇帝的問題就這樣輕易地解決了。

就當時的形勢而言，單純使用加法或者是減法都是行不通的：如果一味推恩，諸侯的勢力就會越來越大，威脅中央政權。如果一味散勢，則會引起諸侯的不滿，聯合起來反抗朝廷。唯一的辦法是加減法並用，一方面讓他們得到好處，另一方面又不動聲色地削弱他們的勢力。漢武帝深知加減並用的道理，不用一兵一卒，就在諸侯不但無怨恨之心、反而感恩戴德的情況下，將他們的權力削弱了。

文武之道，一張一弛；管理之道，恩威並施。這其實就是加減聯用。

8

發散思維法──奇蹟誕生於想像之中

發散思維方法又稱輻射思維法，它是從一個目標或思維起點出發，沿著不同方向，順應各個角度，提出各種設想，尋找各種途徑，解決具體問題的思維方法。根據美國學者吉爾福特的理論研究：與人的創造力有密切相關的是發散性思維能力與其轉換的因素。他指出：「凡是有發散性加工或轉化的地方，都表明發生了創造性思維。」

(1)聯想思維讓米老鼠風靡全球

當年，美國年輕的美術設計師沃特‧迪士尼因手頭拮据，與妻子租住在一間破舊簡陋的房子裏，無論白天黑夜，成群的米老鼠在房間裏上竄下跳，疲於奔命的迪士尼夫婦也借著米老鼠的滑稽動作來慰籍心情。後來，因付不起房租，他們被房東趕了出來。

窮困潦倒的年輕夫婦只好來到公園，坐在長椅上思考出路。「今後該怎麼辦呢？」兩人左思右想均無良策。這時，從迪士尼的行李裏忽然伸出一個小腦袋。原來，那是他平時最喜歡逗弄的一隻小老鼠。想不到這隻小老鼠竟跑進他那絕無僅有的小行李裏，跟他一起搬出了公寓。小老鼠滑稽的面孔，迷人的

眼睛，可愛的樣子，逗得夫妻倆忘記了現實的煩惱。

太陽開始兩下，夜幕即將降臨。這時，迪士尼忽然想到了一個前所未有的創意，他驚喜地嚷到：「對啦，世界上像我們這樣窮困潦倒的人一定很多，讓這些可憐的人們，也看看米老鼠的面孔吧！」他的眼前出現一幕幕動人的奇景：小老鼠們為了填飽肚子辛勤工作，為了戰勝更大的敵人團結互助，它們甚至快活的跳舞，甜蜜的戀愛……窮困潦倒中的迪士尼通過運用想像的方法，誕生了一個活潑可愛的 Mickey Mouse（「米老鼠」）。據此藝術形象開發的動畫片風靡全世界，深受世界各地小朋友的喜愛。不僅如此，動畫片的米老鼠形象從繪畫、電影，到玩具、罐頭、汽車、大廈、遊樂園，跨越幾乎所有領域，深入人們的心中。

迪士尼所以能創造出「米老鼠」這一藝術形象，就是因為他善於運用想像思維，正是這種想像思維救了他們全家。

(2)求異思維你能不能用

所謂求異思維，就是不按一般的思維定勢和方法去思考問題的一種思維。三國時期諸葛亮「空城計」的故事，就是一個「求異思維」的典型例子。還有曹沖稱象、司馬光砸缸救小孩的故事等，都是克服思維定勢採用求異思維方法解決問題的典範。

有一個故事，一人想過河，但看到河面很寬，水流很急，心裏很害怕，便大聲問道：「那位船老大會游泳？」

話音剛落，好幾個船老大圍了過來，只有一位沒有過來，他便問那人：「你水性好嗎？」

「對不起，我不會游泳！」

「好，我坐你的船！」

人們要問，爲什麼偏選不會游泳的船老大呢？原來，他運用了求異思維，船老大不會游泳，必然會小心划船，比較安全。

商場上所說的「出奇制勝」，也是一種求異思維，這樣的例子不勝枚舉。例如彩電製造，螢幕越來越大、功能越來越強，按鍵越來越多，成本越來越高，使用越來越複雜，有廠家及時推出功能減少、使用方便、價格低廉的大螢幕電視，銷售量大增，就是求異思維的結果。

又如，可當帽子用的傘，分腳趾的襪子，別出心裁、別有趣味的文化衫，只有兩個半輪運動的自行車，冷凍室在下方的冰箱等也都是求異。

1981 年英國王子查理斯和王妃在倫敦舉辦耗資 10 億英磅的世紀婚典，商家在包裝盒上印上了王子和王妃的照片、在各類產品上設計、印製了許多紀念圖案、報刊雜誌大做宣傳廣告等大發橫財，而這其中最出色的應首推一家經營望遠鏡的公司。盛典之際，人山人海，當後排的人們正為無法看到王妃風采而著急時，該公司及時推來一車車「觀禮潛望鏡」，人們蜂擁而上，不一會兒就搶購一空。按理說婚禮與潛望鏡之間並沒有什麼直接聯繫，但精明的商人硬是從中找到了兩者的內在聯繫，從而獲取了豐厚的利潤。這就是「求異」帶來的成果。

(3)移植發明法讓土撥鼠走開

美國有不少優良的牧場，那裏牛馬成群，也是許多鬧市居民消閒度假的好去處。不知從什麼時候，牧場主們開始傷腦筋了。原來，牧場綠草茵茵，大批的土撥鼠將草地視為樂園，它們四處打洞，一代接一代地繁衍著子孫，而牛馬卻被土撥鼠害

苦了，他們奔跑時，蹄子常常會踏進土撥鼠的洞中，不是骨折便是扭傷。牧場主們絞盡腦汁要趕走土撥鼠，但捕捉極難，用毒藥殺和下夾子又會殃及別的動物，只能徒喚奈何。

經營小游船塢的蓋伊·鮑爾弗和妻子正為經營不景氣而頗煩惱，夫妻倆冥思苦想，希望尋求到一個走出困境的辦法。一天，鮑弗爾閒來無事，盯著一輛清潔車看清潔工用裝配在車上的吸塵器吸取下水道裏的污穢物，覺得蠻有意思。忽然，他想到了牧場草地上的污穢物——土撥鼠們，腦子裏飛快閃出一個念頭，「能不能用吸塵器將那些該死的土撥鼠們從洞中吸出來？」他這樣想，並且立即改裝一輛卡車，讓它裝配上吸塵箱，在吸塵箱中裝置三個72毫米的芯，加大了功率，一試，果然將土撥鼠從土中吸了出來。鮑爾弗高興極了，他將他的新玩藝取名為「讓土撥鼠走開」，並架著它向牧場主們自薦，將土撥鼠一隻一隻吸進吸塵箱，而後將這些討厭的東西放逐到別的地方去。牧場主們很欣賞這種辦法，樂意每天付給鮑爾弗 800 到 1000 美元的報酬。飛機場也有土撥鼠危害，他們也來請鮑爾弗。到後來，鮑爾弗的業務擴展到 13 個州。澳大利亞人竟然也來電話詢問：「讓土撥鼠走開」是否也適應驅趕兔子。他們把控制兔子的掠奪性繁殖寄希望於鮑爾弗。

吸塵器的作用主要在於吸取塵土污穢，然而鮑爾弗卻將吸塵器稍加改裝用來吸取土撥鼠，消除土撥鼠的危害，從而得到「讓土撥鼠走開」這一發明成果，這裏所使用的就是移植發明法。

9

收斂思維法──解決恐怖墓場的疑問

收斂思維方法是指以某一個發明課題或研究對象為中心，從眾多不同的資訊源或方法或材料中引出一個正確的最好結論的思維方法。

我們來看下面的例子：

新疆的阿爾金山自然保護區面積約有 45000 平方公里，是中國迄今為止建立的自然保護區中最大的一個，週圍有高山帶屏障，冰雪皚皚的山巒巍峨多姿，湖泊、河沼、峽谷微波漣漪，鮮花綠草風光綺麗，這裏被人稱作「野生動物的天然樂園」，生息著國家一級保護動物鵝喉羚、班頭雁、雪豹、野駱駝、猞猁等珍禽異獸。然而出人意料的是，在這風景如畫的動物王國裏，卻有令人談虎色變的「魔鬼谷」，不少野生動物在此神秘喪生。這條峽谷在阿爾金山自然保護區東北端，長約 100 公里，寬約 30 公里。這裏水草豐美，風景秀麗，但多年來很少有人進去過，因為前輩人說，這裏是魔鬼出沒的死亡之穀，人畜、飛禽、走獸進去必死無疑，許多野生動物誤入此穀，不是神秘失蹤，便是暴屍荒野，顯得恐怖異常。有人稱這是名副其實的恐怖墓場。

大批珍禽異獸在此神秘死亡的原因是什麼呢？

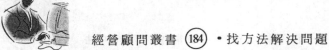

後來經考察發現，每到夏秋季節，這裏就變得神秘莫測，剛才還是風和日麗的豔陽天，眨眼功夫狂風驟起，瞬間「魔鬼谷」就會黑雲密佈，雷聲隆隆，震耳欲聾，接著大雨像山洪爆發般傾瀉而下。暴雨過後，一種奇怪的現象發生了：山坡上和溝穀裏到處是羚羊、野驢、野氂牛以及許多飛禽的屍體，屍體旁還常伴有一些黃色的枯草焦土，似乎是一場無形的大火烤焦了這一切，場面慘不忍睹。這種奇怪的現象並非偶然，幾乎每場暴雨過後，悲劇都會重演。所以，儘管「魔鬼谷」裏土地肥沃，水草豐美，多年來，當地牧民卻從不敢到此放牧，寧肯讓牛羊餓著，也決不敢讓它們跑進穀裏吃草。

科技人員分析了以上現象，每次野生動物大批死亡，都會出現暴雨雷電，其他的情況可能不相同，而發生暴雨雷電的情況必然相同，因而得出結論，是因為這裏是一個雷擊區。潮濕的空氣受昆侖山主峰的阻擋，常沿山脈向「魔鬼谷」中彙集，形成雷電雲，攜帶大量電荷在空中形成強電場，這電場，就是那些野生動物喪生現象不斷出現的原因。那些枯草焦土，同樣也是雷擊所致。

這就是說，收斂思維是在已有的眾多資訊中尋找最佳的答案方法。在收斂思維過程中，要想準確發現最佳的方法或方案，必須綜合考察各種思維成果，進行綜合的比較和分析。因此，綜合性是收斂思維的重要特點。收斂式綜合不是簡單的排列組合，而是具有創新性的整合，即以目標為核心，對原有的知識從內容和結構上進行有目的的選擇和重組。

例如為了發明一種攜帶方便、可伸縮的晾衣架，從伸縮方式上著想可有像拉杆天線式的拉伸式，也可像雨傘那種輻射

式，也可有框架式或折疊式等等。從材料上看，也可用金屬、非金屬材料製成。應當看到擴散思維法和收斂思維法在發明過程中有著不同作用。收斂思維法是對擴散思維的成果進行加工整理，總結與概括，最終提出有價值的因素並形成完美的新方案。

收斂思維的具體方法很多，常見的有抽象與概括、分析與綜合、比較與類比、歸納與演繹、定性與定量等。可採用以下的方法來培養我們的收斂思維能力。

(1)抽象與概括的訓練「去粗取精、去偽存真、由此及彼、由表及裏。」這十六個字，說明了科學的抽象和概括的一般步驟。引導人們積極思維，找出相關知識的內在規律，加以抽象和概括，這樣知識就學得活，問題解決得透，能收到事半功倍的效果。

(2)歸納與演繹的訓練

歸納法又稱歸納推理，是從特殊事物推出一般結論的推理方法。演繹法又叫演繹推理，是從一般到特殊。在認識過程中，歸納和演繹是相互聯繫、相互補充的。因此，從「特殊→一般」的歸納式分析解決問題的方法有助於邏輯思維的發展，有助於創造性思維能力的培養。

(3)比較與類比、分析與綜合的訓練

創造性思維是一種綜合性思維。法國遺傳學家 F·雅各說：「創造就是重新組合。」比較、類比和分析是一種聯動性思維。它可以激發人們的情感，啟發人們的智慧，提出獨特性的方法。

10

縱向思維——遇事多問幾個為什麼

往往問題沒有得到解決是因為我們淺嘗輒止，沒有深入去研究和思考。如果能夠用縱向思維來思考，遇事多問幾個為什麼，很多創造和辦法就會很自然地產生了。

拿破崙・希爾曾經說過這樣一句話：「由於我們的大腦限制了我們的手腳，因此，我們掌握不了出奇制勝的方法，往往會簡單地放棄。」深入一步，就能夠增加思維的深度，進行有效的突破。因此，可以說深入一步就是人們獲取成功的一柄利器，很多創造和辦法都是在深入一步的思考中誕生的。

那麼，怎樣才能「深入一步」呢？這就需要我們不輕易對問題的進展表示滿足，多問幾個「為什麼」，揭示出問題的本質，那時解決問題不僅能治標，還不能治本。

所以，當你就一個問題探尋其原因時，一定要追根溯源，深入探查問題的核心，而不要滿足於停留在問題的表面。

多問幾個「為什麼」的縱向思維方法在科研方面也起著主要的作用。

我們這裏舉一個典型的例子：

愛迪生是人類歷史上最偉大的發明家，他一生發明的東西

有 1600 多種，有人不無誇張地說：「如果人類沒有了愛迪生的發明，人類文明史至少要往後推遲 200 年。」那麼，愛迪生的發明天賦從何而來呢？對他一生進行長期研究的專家指出，愛迪生的發明很多來自提問。平時愛迪生會對常人熟視無睹的問題提出無數個「為什麼」。雖然他沒有將自己所問的問題都求出答案來，然而他已得出來的答案卻多得驚人。

有一天，他在路上碰見一個朋友，看見他手指關節腫了。便問：「為什麼會腫呢？」

「我不知道確切的原因是什麼。」

「為什麼你不知道呢？醫生知道嗎？」

「唉！去了很多家醫院，每個醫生說的都不同，不過多半的醫生認為是痛風症。」

「什麼是痛風症呢？」

「他們告訴我說是尿酸淤積在骨節裏。」

「既然如此，醫生為什麼不從你骨節中取出尿酸來呢？」

「醫生不知道如何取法。」病者回答。

「為什麼他們不知道如何取法呢？」愛迪生生氣地問道。

「醫生說，因為尿酸是不能溶解的。」

「我不相信。」愛迪生說。

愛迪生回到實驗室裏，立刻開始做尿酸到底是否能溶解的試驗。他排好一列試管，每只管內都灌入 1／4 不同的化學溶液，每種溶液中都放入數顆尿酸結晶。兩天之後，他看見有兩種液體中的尿酸結晶已經溶解了。於是，這位發明家有了新的發現，一種醫治痛風症的新方法問世了。

愛迪生這種凡事都愛問個「為什麼」的思維方式，為他以

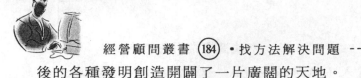

後的各種發明創造開闢了一片廣闊的天地。

縱向思維就是要問「爲什麼」，實際上「爲什麼」這三個字表達了一種深入開掘的慾望。很多時候，對那些尋常的事物，我們自認爲很熟悉，想不起要問個「爲什麼」。殊不知，事物的真實本質和改變創新的機遇，往往就隱藏於對尋常事物再問一個「爲什麼」的後面。

因此，我們主張進行積極的思維活動，不管遇到什麼問題，都要多問幾個爲什麼。當你恰到好處地利用縱向思維這把開啓腦力的鑰匙後，整個世界也就爲你敞開了大門。

第五章

成就方法高手的五大職業素養

1

主動反省──在問題中成長自我

如果你沒有勇氣離開陸地，那麼你永遠都無法發現新的海洋。如果你沒有膽量接受生活的洗禮，那麼你永遠也無法在問題中獲得成長。逃避問題和障礙，它會困擾你一輩子，如果你迎難而上，克服了這個障礙，它就會成為你成長路上的一塊墊腳石。

有人問某位登山專家：「如果我們在半山腰，突然遇到大

雨，應該怎麼辦？」

登山專家說：「你應該向山頂走。」

「為什麼不往山下跑？山頂風雨不是更大嗎？」

「往山頂走，固然風雨可能更大，卻不足以威脅你的生命。至於向山下跑，風雨看起來小些，似乎比較安全，但卻可能遇到暴發的山洪而被活活淹死。登山專家嚴肅地說，「對於風雨，逃避它，你只能被捲入洪流；迎向它，你卻能獲得生存！」

問題是成長的機會。主動反省，你才能夠在問題中不斷地完善自我。勇敢地接受問題的磨礪，不斷地反省和改進自己的工作，相信每一個問題都能夠變成你成長的墊腳石。

反省是一個人不斷完善自我的最佳途徑，一個人只有不斷反省自我的不足，才能夠在問題中不斷進步。

長辮子是王玲個人的所愛，但是當她認識到自己珍愛的東西，也許與企業整體風格有衝突時，便毅然決然地將其放棄，最終，贏得了企業的認可。

主考官看到的不只是她剪掉的及腰長辮，更是這種在取捨之間展現的內在職業素養。

主動反省，問題就能變成我們成長的機遇。如果你不懂得在問題中主動反省，那麼你永遠也無法獲得進步，也很難在事業上有所成就。

每一個人都應該永遠記住這個真理，只有不斷挑戰自我、超越自我的人，才是一個前途遠大的人。你想贏得事業上的成功和人生的輝煌，就應當在工作和生活中養成善於自省的好習慣。把工作中的問題變成自己成長的機遇。

理想的反省時間是在一段重要時期結束之後，如週末、月

末、年末。在週末用幾個小時去思索一下過去幾天中出現的事件。月末要用一天的時間去思索過去一個月中出現的事情，年終要用一週的時間去審視、思索、反省一年生活中遇到的每一件事。

假如你一年反省一次，你一年才知道優缺點，才知道自己做對了什麼，做錯了什麼。假如你一個月反省一次，你一年就有了 12 次反省機會。假如你一週反省一次，你一年就有 52 次反省機會。假如你一天反省一次，你一年就有 365 次反省機會。反省的次數越多，犯錯的機會就越少。

一個從不犯錯誤的人是儒夫，一個總是犯錯誤的人是傻子。一個人要擁有成功的人生就要學會在失敗和錯誤中學習成長。在這裏有幾條從錯誤中學習的方法可以供你參考：

(1)誠懇而客觀地審視週遭的情勢。不要歸咎別人，而應反求諸己。

(2)分析失敗的過程和原因。重擬計畫，採取必要措施，以求改正。

(3)在重新嘗試之前，想像自己圓滿地處理工作或妥善處理問題時的情景。

(4)把足以打擊自信心的失敗記憶一一埋藏起來。它們現在已經變成你未來成功的肥料了。

(5)重新出發。

(6)一個希望從錯誤中學習並期待成功的人，可能必須反覆實踐以上步驟，然後才能如願以償。重要的是每嘗試一次，你就能夠增加一次收穫，並向目標更近一步。

2

善於觀察——不放過任命一個細節

　　觀察在找方法的過程中發揮著重要的作用，所有有效資訊的搜集首先都有賴於觀察的雙眼。在觀察中，要細緻入微，不放過任命一個細節，才能有更多的創見。在找方法的過程中，觀察佔據著至關重要的地位，起著其他活動難以企及的作用。一個人的一生當中要從外界獲得大量資訊，據統計，其中 75%以上是靠觀察攝取的。愛因斯坦、阿基米德、達爾文等眾多科學家無一不具有非凡的觀察能力。可以說，沒有他們善於觀察的雙眼，就不會有流芳後世的諸多創造。

　　法國百科全書派領袖狄德羅認為，科學研究主要有三種方法：第一是對自然的觀察，第二是思考，第三是實驗。在我們的工作中，尋找解決問題的方法，首要的也是對事物的細緻觀察，看到表面之下的癥結，才能夠找到方法做對事。

　　在一次集團董事會之後，某董事毅然作出一個決定：撤出對某公司的投資。這一消息立刻引起一片譁然，大家都不明白該董事為何在公司發展勢頭正旺時撤資，這不是明擺著將擺在面前的錢向外推嗎？

　　誰知，就在這住董事撤資後不足兩個月，該公司便因經營

不善倒閉了。眾多股東的利益受到了極大損失。這時，大家又羨慕之前撤資的股東運氣好，可這位股東卻告訴大家，這不是運氣。

原來，開董事會的那天，這位董事注意到董事長的指甲打理得很漂亮，顯然是經過了專業保養了，他也就由此看到了公司慘澹的未來。董事長應該是忙於公司的事務，一個將精力放在指甲修飾上的董事長又怎麼會帶領公司快速發展呢？

從董事長打理指甲這一細節上，就可以看到整個企業的發展前景，從而作出迅速撤資的決策，該董事不可不謂是一個善於觀察的人，並且能從所觀察到的細節出發，探究到問題的關鍵所在，從而作出了正確的選擇。

本田汽車在美國可以創下佳績，創辦人本田宗一郎功不可沒。當本田汽車在日本站穩了腳跟後，他將目標市場移往了美國。在 20 世紀 80 年代初期，美國汽車工業仍然執全世界的牛耳，日本汽車只是剛剛起步，本田宗一郎就思考如何在美國跨出成功的第一步。

本田宗一郎花了很長的時間觀察美國的環境，他看出美國的車款注重豪華美觀，相對也比較耗油。而當時中東情勢不穩，隨時都有可能爆發石油危機，油價上揚之勢一觸即發。本田宗一郎找到了有力的因素，也就找到了好的方法——以省油作為本田汽車的行銷賣點。恰好此時石油危機爆發，石油價格不斷上漲，美國民眾為了經濟上的考慮，便選擇了日本車種，本田汽車也就順利地打進了美國市場。

在經營美國市場的數年間，本田汽車創下了非常好的銷售量，本田宗一郎並沒有因此自滿，他仍然密切注意美國的反應。

他觀察出美國對日本的汽車進口十分敏感,可能會在幾年內採取限制措施。為了防患於未然,本田宗一郎採取本土主義的應對做法,在美國投資設廠裝配汽車。除了廠長為日本人外,其他主管和員工皆為當地的美國人,所生產的本田汽車,皆打上「Made in USA」(美國製造)的字樣,可以說是在美國出生的日本車。

本田宗一郎的預測是正確的,美國之後對日本汽車限制進口,不過因為本田汽車已在美國投資,創造了許多就業機會,遭受的影響比其他日本汽車品牌要小得多。本田汽車也在創辦人的精確決策下,成為全球最有競爭力的汽車品牌之一。

觀察,是我們認識世界的方法之一,通過觀察,我們能看到生活和趨勢的變化。當發現所處的環境或工作情況開始產生變動時,就該想著如何應對這種改變,並想辦法來解決工作中已經出現的或即將出現的問題。

3

積極應對──從「危機」中找「轉機」

　　在中文裏，「危機」這個詞是由兩個字組成的，「危」字的意思是「危險」，「機」字則可以理解爲「機遇」。通常，保守膽怯的人習慣性地只看到「危險」，而看不到「機遇」；那些膽大心細、善於把握機遇的人卻能撥開危險的迷霧抓住機遇，而抓住機遇也就離成功不遠了。古今中外有很多生動的例子表明了這樣一個道理，危機之中蘊含轉機出現危機可能正是取得發展與進步的大好時機。

　　在美國阿拉巴馬州的一個公共廣場上，矗立著一座高大的紀念碑。碑身正面有這樣一行金色大字：深深感謝象鼻蟲在繁榮經濟方面所作的貢獻。蟲子怎麼會帶來經濟繁榮？這要從一場災難說起。阿拉巴馬州原本是美國種植棉花的基地，1910年，一場特大象鼻蟲災害狂潮席捲了阿拉巴馬州的棉花田，象鼻蟲所到之處，棉花毀於一旦，棉農們欲哭無淚。災後，世世代代種棉花的阿拉巴馬州人認識到僅僅種棉花是不行的，於是，他們開始在棉花田裏套種玉米、大豆、煙葉等農作物。儘管棉花田裏還有象鼻蟲，但此時蟲子的數量銳減，根本不足爲患，少量的農藥就足以消滅它們了。棉花和其他農作物的長勢

也都很好。

結果，種植多種農作物的經濟效益比單純種棉花要高 4 倍。阿拉巴馬州的經濟從此走上了繁榮之路。阿拉巴馬州的人們認為，經濟的繁榮應該歸功於那場象鼻蟲災害，遂決定在當初象鼻蟲災害的始發地建立一座紀念碑。

無數的例子表明，危機之中蘊含著轉機。如果你能夠在危機中看到轉機，你就能夠把握更多的機遇。然而，危機作為機會的一種，通常情況下是不受人歡迎的，很多人避之唯恐不及。只有少數極優秀的人具有變負為正的力量，能夠化腐朽為神奇，在危機中看到轉機。

美國鋼鐵大王安德魯・卡內基就是這樣一位傑出的代表。卡內基曾是美國一家鋼鐵公司的老闆。他一直想有大的發展，兼併一些大的鋼鐵公司，但一直未能如願。後來，美國全國性的罷工越來越多，所有的鋼鐵企業包括卡內基的公司都受到強烈衝擊。對一般人來說，這預示問題來了。而聰明的卡內基卻感到機會來了。因而積極採取得力措施，使公司儘快從罷工問題中解脫出來。

他積累了處理罷工問題的經驗，同時也積極儲備資金。在此基礎上，他密切注意各個競爭對手的狀況，抓住機會，將這些處於罷工困境中的公司一家家兼併。卡內基公司獲得了跨越式的發展，其鋼鐵在全國市場上的佔有率從 1／7 躍而為 1／3，成為當時世界上最大的鋼鐵公司。

卡內基的成功是一個把危機變成轉機的經典案例。商戰中這樣的事例並不少見，下面讓我們看看柯達公司是如何在一場商戰中打敗富士的吧！

日本富士膠片公司在 1984 年的洛杉磯奧運會上，醞釀了一個打敗頭號競爭對手柯達公司的計畫，要從這個最大的膠片製造商手中搶奪市場。作為計畫的一部分，富士投入數百萬美元，獲得了洛杉磯奧運會膠捲指定產品的資格。

柯達公司由於先期重視不夠，並沒有投入多大的人力物力。當發覺富士公司正以咄咄逼人的態勢殺過來時，一切都木已成舟，為時晚矣。僅此一舉，他們已被排斥在全球最重要的體育盛會之外，從而失去了極大的市場。公司決策者們一籌莫展、束手無策，只有閉上眼睛默默等待對手揮來重拳的份了。

後來，在公司一位中層催員的建議下，找到了 IMG(國際管理集團)，柯達請他們幫忙想一想「粉碎富士進攻」的策略和辦法。

在許多已發生變化的環節中，IMG 發現了十分有趣的一點，富士公司的「獨佔性」並沒有包括洛杉磯奧運會的全階段，他們只是「獨佔」了奧運會舉辦的那兩週時間。所以，IMG 建議柯達公司將其宣傳重點放在奧運會舉辦前那狂熱的 6 個月中。

在此期間，柯達贊助了美國田徑隊，並聘用了一批有希望獲得金牌的運動員為其宣傳，還贊助了奧運會舉辦前的田徑選拔賽，並將整個洛杉磯充滿了柯迷的出版物、電視廣告片及張貼廣告。待奧運會來臨，許多運動行銷專家甚至沒有注意到富士，還以為是柯達贊助了這屆奧運會呢！

柯達公司或者是 IMG 的高明之處就在於，用全新的創意把握住了變化中的機會。他們沒有把目光只局限於富士公司已經獲得了奧運會膠捲指定產品資格這一不利的消息，而是主動出

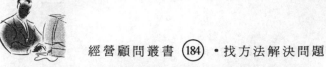

擊，將問題的突破口選在了奧運會舉辦前 6 個月這段時期，從而化被動為主動，一舉扭轉了局勢。

柯達公司後發制人，挫敗勁敵富士的例子為我們如何擺脫不利局勢，把危機變成轉機上了生動的一課。

危機之中蘊含著機遇。強者能夠在危機中看到轉機，變被動為主動。日本著名的作家谷口雅春先生，在他的著作《你是無限能力者》一書中，曾說過：「墜落才是機遇。」其意義也是相同的。這些話，都是我們應該好好仔細體會的。的確，如果一粒麥子不落地死亡，怎能再結出許多麥子呢？經歷越激烈的痛苦，在精神、人格上也會越成熟、越進步。

工作中有很多失誤隱藏著對我們有用的資訊，如果我們能夠將其挖掘出來，就能夠反敗為勝，為我們的工作帶來轉機。因此，一個聰明的人應當善於反思工作中出現的問題，並從中獲益從而成長起來。因此，一旦在工作上出現了失誤，我們不要悲傷沮喪，而要積極地分析失誤的緣由，化被動為主動，讓工作向更好的方向發展。

4

靈活變通──以己變應萬變

　　我們要找到方法，獲得成功，就得首先去認識事物的性質和特點，然後再根據實際情況來調整改變自己的思路和行為方式。只有如此，我們才能在順應事物變化的同時，駕馭變化，走向成功。

　　現在的社會，一切都在瞬息萬變。要順勢而變、順時而變，不學會去變，或沒有能力去變，絕不可能有生存的空間。要學會找方法，就要學會變通，以自己的變化來應對外界環境的改變。

　　有這樣一個故事，人們結伴去尋找一座寶石礦山。當他們沿著一條大路前進時，發現原本是平坦路面的前方突然出現了一條大河，擋住了前進的道路。河水奔騰不息，大有吞沒一切的勢頭。礦山就在河的對岸，極目能見，但面前的這條河卻使他們陷入了困境。怎麼辦？人們一直是靠雙腳在行走，雙腳把他們帶到了河邊，但陸路已走到了盡頭，再用雙腳是走不過這條大河的。這時，人們能做的只有改變自己。然而，許多人卻不知道改變，他們仍按照陸地行走的方式走進大河，結果被淹死了，未能到達成功的彼岸；而另一些人，他們雖知道河水兇

猛，卻不知道應該如何改變自己，只能在遠處眺望那耀眼的寶石，望河興歎。

那麼，究竟誰能渡過這條河，勝利地到達對岸呢？回答是：只有善於改變自己的人才能到達成功的彼岸。一些人改變了陸地行走的姿勢和習慣，他們學會了游泳，泅過了這條河，到達了寶石礦山；另一些人臨河沉思，偶然看見一塊圓木在河裏飄浮，於是有了創新的靈感，意識到圓木能將他們帶到對岸，結果他們發明了船，同樣到達了礦山。

渡過大河的人都變成了成功者，他們成功的秘訣就是善於改變，而這種改變就是人們常說的變通。窮則變，變則通，通則久。遇到困難就要改變自己的思路和行為，只有改變，才能克服困難，走向成功。

美國著名人士羅茲說：「生活的最大成就是不斷地改變自己，以使自己悟出生活之道。」改變了自己，相當於為自己提供了更多的生存機會，為職場發展掃除了諸多障礙，為事業的成功增添了砝碼。

IT 業界流傳著韓國三星集團總裁李健熙的一句名言：「除了妻兒，一切都要變。」這句話，也正是當年李健熙下定決心帶領三星集團勵精圖治、發奮改革的真實寫照。

1987 年，李健熙從父親李秉（缺個字）手中接過三星集團這個大攤子，1993 年開始重塑三星，並且提出了這個「除了妻兒，一切都要變」的口號。

當時，李健熙決心給「沉睡中的三星一劑猛藥，一個改革的信號彈」。於是，變革就從改變上下班工作時間開始，將原來的「朝九晚五」變成「朝七晚四」，20 萬員工都將提前兩小時

上班。進行這種大規模的變革會遇到很多方面的阻力，但是李健熙相信，如果下不了這個決心，振興三星的日子就會遙遙無期。

三星人從此意識到「改革開始了」，很多人從以前的閒散心態中恢復過來，開始利用早下班的時間學習外語、培訓進修，這些努力為日後三星集團擴展海外市場打下了堅實的基礎。

1997 年，韓國受到東南亞金融危機的強烈影響，很多韓國大企業紛紛破產倒閉，舉國上下損失嚴重，三星集團也難免受到影響。危機重重之下，李健熙決心再次重整三星，他對員工說：「為了公司，生命、財產、甚至名譽都可以拋棄。」

李健熙擁有如此強烈的危機感與決心，在他的帶領下，三星集團制定了明確的戰略方向，堅定不移地執行戰略，變革在不斷推進，影響深遠。

直到 2002 年年底，三星集團已經躋身全球 IT 行業前 20 名，連一向驕傲的新力都為之汗顏。

「除了妻兒，一切都要變」是一種變化的決心，是一種應對市場變化的信念和心態，也是柔性生存戰略的最佳體現。失去了「變化」的心態，無論你曾經多麼輝煌，也無法抵擋競爭的浪潮，終將被湮滅。

所以，做一切事、解決一切問題，我們都必須隨著客觀情況的變化而不斷地調整自己，不斷地採取與之相適應的方法，做到以己變應萬變，才能在工作中隨時找到適當的方法，才能在職場上立足，使自己的職業之樹常青。

5

持續改進——將問題當作提升績效的契機

問題在一般人眼裏，是障礙和攔路石，然而在優秀者眼中，都是一個改進和提升工作績效的契機。不斷質疑和改進自己的工作，每天進步一點點，你才能夠在問題中獲得更大的成長。

派特雷利曾擔任洛杉磯湖人隊的教練，當時，湖人隊正處於最低潮時期。為了鼓勵隊員們重燃爭奪冠軍的激情，也為了減輕他們的壓力，使他們不要背上失利的包袱，他告訴球隊的 12 名隊員說：「今年我們只要每人比去年進步 1%就行了，你們有沒有問題？」球員們一聽：「才 1%，容易了！」

於是，每個隊員都在罰球、搶籃板、助攻、抄截、防守這五個方面各進步 71%，結果那一年湖人隊居然奪得了總冠軍，還是最容易的一年。

比賽結束後有記者在採訪派特雷利教練時問：「為什麼今年球隊能這麼容易就奪得冠軍了呢？」派特雷利教練是這樣回答的：「如果每個隊員都在這五個方面各進步 1%，加起來就是 5%，12 人就一共是 60%，一年進步 60%的球隊，你說能不奪得冠軍嗎？」

每天改進一點點，讓湖人隊獲得了 NBA 年度總冠軍。同樣，

工作中所存在的種種問題也是我們改進工作的重要契機。

　　問題是改進工作的機遇，問題是企業創造效益的源泉，我們要想在工作中不斷成長，就應當把工作的每一個問題都當成改進工作、提升工作績效的機遇。

　　問題是改進的良機，也是成長的機遇。將工作的每一個問題當成一個提升自己、改進工作的機會，每天進步一點點，你才能夠在問題中獲得更大的成長。

第六章

用對方法做對事，把工作做到最完美

1

問題在發展，方法要更新

　　方法是需要不斷更新的，對於同樣式的問題，隨著時代和科技的進步，我們採用的解決方法也越來越多。今日是最佳的方法，並不代表永遠是最佳的方法，我們必須樹立一種與時俱進的態度，不斷學習，不斷更新，永遠尋找更好的方法。

　　時代在前進，人們所掌握的知識越來越多，許多過去我們無法給出答案或是給出了錯誤答案的一系列問題，在今天都已

不再神秘。既然問題在不斷變化，人們掌握的東西也在不斷發展，那方法也必定是在不斷更新的。

1928 年的暑假，天氣格外悶熱，英國賴特研究中心的弗萊明醫生心情異常煩躁，他胡亂放下手中的實驗，準備去郊外避暑。實驗臺上的器皿雜亂無章地放著，這在一向細心的弗萊明 20 多年的科研生涯中還是第一次。

9 月初，天氣漸涼。弗萊明回到實驗室。一進門，他習慣性地來到工作臺前，看看那些盛有培養液的培養皿。望著已經發黴長毛的培養皿，他後悔在度假前沒把它們收拾好，但是一隻長了一團團青綠色黴花的培養皿卻引起了弗萊明的注意，他覺得這只被污染了的培養皿有些不同尋常。

他走到窗前，對著亮光，發現了一個奇特的現象：在黴花的週圍出現了一圈空白，原先生長旺盛的葡萄球菌不見了。會不會是這些葡萄球菌被某種黴菌殺死了呢？弗萊明抑制住內心的喜悅，急忙把這只培養皿放到顯微鏡下觀察，發現黴花週圍的葡萄球菌果然全部死掉了！

於是，弗萊明特地將這些青綠色的黴菌培養了許多，然後把過濾過的培養液滴到葡萄球菌中去。奇蹟出現了：幾小時內，葡萄球菌全部死亡！他又把培養液稀釋 10 倍、100 倍……直至 800 倍，逐一滴到葡萄球菌中，觀察它們的殺菌效果，結果表明，它們均能將葡萄球菌全部殺死。進一步的動物實驗表明，這種黴菌對細菌有相當大的毒性，而對白細胞卻沒有絲毫影響，就是說它對動物是無害的。

一天，弗萊明的妻子的手因被玻璃劃傷而開始化膿，腫痛得很厲害——這無疑是感染了細菌。弗萊明看著妻子紅腫的手

背，取來一根玻璃棒，蘸了些實驗用的黴菌培養液塗在上面。
第二天，妻子興奮地跑來告訴弗萊明：「親愛的，你的藥真靈！
瞧，我的手背好了。你用的是什麼靈丹妙藥啊？」望著妻子紅
腫盡消的手背，弗萊明高興地說：「我給它命名為盤尼西林(青
黴素)！」

　　現實中，每天都會發生許多新問題，也會發現許多新方法。
在青黴素發明之前，人們遇到細菌感染問題採用的是另一類方
法，而在發現青黴素之後，細菌感染的問題有了新的也更有效
的解決方法。

　　還有一個簡單的例子。大家在電視劇裏看到古代常用一種
「滴血認親」的方式來判斷兩者的親屬關係。我們姑且不論這
個方法是否科學，但隨著科技的日新月異，要解決這個問題，
已經不再採用古老的方式，而改用全新的科學技術，進行 DNA
對比。它們解決的是同一個問題，卻是用不同的方法。由於古
代科學技術的限制，我們不可能要求他們能運用當今的科技。
同樣，因為新技術的誕生，舊的方法也被新技術所取代。問題
在不斷變化，環境也在不斷變化，我們瞭解得越來越多，我們
解決問題的方法也越來越多。

　　方法是需要不斷更新的，對於同樣的問題，隨著時代和科
技的進步，我們採用的解決方法也越來越科學。今日是最佳的
方法，並不代表永遠是最佳的方法，我們必須樹立一種與時俱
進的態度，不斷學習，不斷更新，永遠尋找更好的方法。

2

提高工作效率，而不是延長工作時間

　　工作不是固體，它更像是一種氣體，它會自動膨脹，並填滿多餘的空間。因此，時間管理專家並不鼓勵你為完成工作任務而延長工作時間，那樣只會把戰線越拖越長，提高時間利用率，提高工作效率才是正確的解決之道。有些人工作起來非常繁忙，似乎有許多事情要做，他們也常常為了完成任務而拼命加班，按理說應該有相當不錯的效果。

　　然而，現實中並非如此，許多人確實試圖延長他們的工作時間，以完成更多的工作。但那是沒有用的。工作不是固體，它像是一種氣體，會自動膨脹，並填滿多餘的空間。因此，時間管理專家並不鼓勵你為解決時間問題而延長工作時間。例如，一個計畫到下班時還沒寫完，也許你會自然地對自己說「我會在晚上把它寫完。」因為你把晚上當做了白天的延伸，不僅影響家庭和社會生活，還會降低工作效率，你成了整個事件中最大的受害者。

　　熟悉安德魯‧伯利蒂奧的人都會說：「看，安德魯‧伯利蒂奧真是太會珍惜時間了！」人們都知道，為了能成為一名出色的建築師，他拼命地想要抓住每一秒鐘的時間。

　　每天，他把大量的時間用在設計和研究上，除此之外，他還負責很多方面的事務，每個人都知道他是個大忙人。他風塵僕僕地從一個地方趕到另一個地方，因為他太負責了，以至於不放心任何人，每一項工作都要自己親自參與才放心。時間長了，他自己也感覺到很累。

　　其實，在他的時間裏，有很大一部分都浪費在管理其他亂七八糟的事情上。無形中，他增加了自己的工作量。

　　有人問他：「為什麼你的時間總是顯得不夠用呢？」他笑著說：「因為我要管的事情太多了！」

　　後來，一位教授見他整天忙得暈頭轉向，但仍然沒有取得令人驕傲的成績，便語重心長地對他說：「人大可不必那樣忙！」

　　「人大可不必那樣忙！」這句話給了他很大的啟發，他就在聽到這句話的一瞬間醒悟了。他發現自己雖然整天都在忙，但所做的真正有價值的事實在太少了！這樣做對實現自己的目標不但沒有幫助，反而限制了發展。

　　大夢初醒的安德魯除去了那些偏離主方向的分力，把時間用在更有價值的事情上。很快，他的一部傳世之作《建築學四書》問世了。該書至今仍被許多建築師們奉為「聖經」。

　　他的成功只是因為一句話：「人大可不必那樣忙！」

　　只知道延長工作時間，整天像一隻無頭蒼蠅一樣忙個不停的人是不會有高效率的，我們來看一下發生在花旗銀行的一位名叫王莉的新職員身上的事情就會明白這一點。

　　王莉是花旗銀行業務部門的一名新職員，由於剛接手新工作，一時還未掌握正確的工作方法，所以工作起來感到特別吃力。她經常加班，但任務仍然無法如期完成。眼看業績考核的

日期就要到了，任務量還差一大截，萬般無奈的她來到人力資源部主管心理諮詢方面的王經理的辦公室。

「怎麼了，需要我幫什麼忙嗎？」看到王莉一臉憂慮地進來，王經理熱情地問道。

「是這樣的，王經理，」王莉好像不知道該說什麼，「我總是覺得自己有點不對勁，可又不知道到底是那裏出了問題。」

「那你可以告訴自己覺得究竟有什麼不對勁的嗎？」王經理笑眯眯地說。

「我的上司總是覺得我做事不夠認真，可實際上，當我一旦開始認真做一件事情的時候，他又會覺得我的速度太慢。」王莉滿臉委屈地說。

「怎麼會這樣呢？」多年的諮詢經驗告訴王經理，「多提問，少插嘴」是提供有效諮詢的關鍵。

「上個星期五下班之前，我的上司跟我談了一次話，希望我能夠在工作上更加認真一些。他說我最近寫的兩份關於液壓器市場情況的報告都不是很理想，有很多問題都沒有涉及，而且搜集的材料也不夠全面。所以，這個星期一開始，當他交代我起草一份銷售計畫書的時候，我就暗下決心要努力把這件事情做好。」

「你是怎麼做的呢？」王經理鼓勵王莉繼續說下去。

「我首先決定到網上找一份標準的銷售計畫書樣本，要知道，雖然我已經幫上司起草過很多份報告，可銷售計畫書我還是第一次寫。」

「哦，聽起來並沒有什麼不對啊？為什麼你會覺得不正常呢？」王經理接著問道。

「我知道這樣做並沒有什麼不對,可問題是,搜索計畫書樣本用去了整整一天的時間。」

「用去了一天時間?」王經理驚訝地叫了起來,但另一方面,他也好像明白王莉的問題究竟出在什麼地方了。

「你知道,王經理,對於我們很多人來說,早晨到辦公室的第一件事就是打開電腦。」王莉不解地看著王經理說。

「沒錯,」王經理說,「我會首先查一下我的郵箱,看看有沒有重要的郵件要回。」

「是的,我也一樣。大約在 9 點 40 分的時候,我終於回覆完了郵件,然後⋯⋯」

「什麼?你用了 40 分鐘時間回覆郵件?」王經理不禁又一次驚訝地叫了起來,「好像只有高級經理和銷售員才會用這麼長時間回覆郵件。」

「其實,很多郵件都是不用馬上回覆的,只不過我覺得及時回覆是一種禮貌。然後我又幫小李翻譯了一小段文章,你知道,小李的英語並不是很好。就這樣,當我正要坐下來,準備專心尋找計畫書樣本的時候,我發現辦公室的飲水機裏已經沒水了,於是我只好打電話叫人送水,並在放下電話之後把自己的辦公桌稍微整理一下。」

「這些聽起來好像並不是你的工作。」王經理不禁皺起眉頭。

「是的,可我覺得做這些事情並不需要花費多少時間。」

「可我相信,等到你真正開始工作的時候,恐怕都已經是上午 11 點了。」沒等王莉回答,王經理就接著說道,「我明白了,以前也有人向我諮詢過一些跟你類似的問題。我建議他們

把所有的瑣事都放在一個固定的時間裏處理。我們每個人一天的工作狀態總是處於不斷的變化之中，比如說我們早上的時候精力一般都比較充沛，而到了下午 4 點鐘左右，我們就會比較疲勞，所以我總是把像回覆那些並不重要的電子郵件，整理文件，或者是撥打維修電話之類的工作放到這段時間去完成。」

王莉點了點頭，臉上露出滿意的微笑，說：「是啊，王經理這樣既不會耽誤工作，又可以幫助趕走疲勞和困倦，就等於是比賽時候的中場休息。」

「沒錯，王莉，如果你能夠為瑣事留出足夠的時間的話，你就會發現自己的工作效率大大提高了。這樣你就會發現不用加班，你也能夠將工作完成得很好。你也不用老抱怨時間不夠用了。」

走出王經理的辦公室，王莉感覺到自己的腳除輕快了許多，對自己的工作也更有信心了，因為她明白了這樣一個道理：提高時間的利用率比延長工作時間更有效。

我們提倡在工作中提高效率，更快更好地完成任務，但是，並不是說要以延長工作時間、甚至是犧牲自己的休息時間為代價。解決這一問題的關鍵仍是找方法，找到了適合自己的工作方法，不但能夠保證工作高效地完成，你還能從中享受到工作的樂趣。

3

追求高效能，而非高效率

　　美國零售大王彭尼說過，不論他出多少錢的薪水，都不可能找到一個具有兩種能力的人。這兩種能力是：第一，能思想；第二，能按事情的重要程度去做。因此，在工作中，如果我們不能選擇正確的事情去做，那麼唯一正確的事情就是停止手頭上的事情，直到發現正確的事情為止。做事不僅要講方法，更要注意方向。只有方法和方向都正確，才能確保有一個好的結果。如果只注重方法而不重視方向，其結果可能是方法越正確，結果就錯得越離譜。儘管如此，在現實生活中，無論是企業的商業行為，還是個人的工作方法，人們關注的重點往往都在於前者：效率和正確做事。

　　博恩‧崔西認為，工作中第一重要的卻是效能而非效率，是做正確的事而非正確地做事。「正確地做事」強調的是效率，其結果是讓我們更快地朝目標邁進；「做正確的事」強調的則是效能，其結果是確保我們的工作是在堅定地朝著自己的目標邁進。換句話說，效率重視的是做一件工作的最好方法，效能則重視時間的最佳利用──這包括做或是不做某一項工作。

　　「正確地做事」是以「做正確的事」為前提的，如果沒有

這樣的前提，「正確地做事」將失去目的性，變得毫無意義。首先要做正確的事，然後才存在正確地做事。正確做事，更要做正確的事，這不僅是一個重要的工作方法，更是一種很重要的工作理念。任何時候，對於任何人或者組織而言，「做正確的事」都遠比「正確地做事」重要。

正確地做事與做正確的事是判斷一個人做事是否能夠提高工作效能的一個很重要的標準。只知道正確地做事就是一味地例行公事，而不顧及目標能否實現，是一種被動的、機械的工作方式。工作只對上司負責，對流程負責，主管叫幹啥就幹啥，一味服從，鐵板一塊，是制度的奴隸，是一種被動的工作狀態。在這種狀態下工作的人往往沒有目的性，患得患失，不求有功，但求無過，當一天和尚撞一天鐘，混著過日子。

而做正確的事不僅注重程序，更注重目標，是一種主動的、目的性強的工作方式。工作對目標負責，做事有主見，善於創造性地開展工作。這種人積極主動，在工作中能緊緊圍繞公司的目標，為實現公司的目標而發揮人的能動性，在制度允許的範圍內，努力促成目標的實現。

這兩種工作方式的根本區別是：只對過程負責，還是既對過程負責又對結果負責；是等待工作，還是主動地工作。同樣的時間，這兩種不同的工作方式產生的區別是巨大的。

有時候，上司在分配任務的時候，並沒有對人員做到最佳的配置，沒有把你安排到合適的位置上，這時，你就要主動與上級溝通，要求自己做更合適的事，這樣才能夠做到正確地做事和做正確的事。

羅絲是某公司的一名銷售主管，她不僅是一個勤奮努力的

員工，同時也是一個有主見，識大局，能夠主動去做正確的事的員工。

有一次，羅絲被公司派去參加一個銷售專題討論會，她很清楚自己的專長，特別是轉型人才和國際化市場動態等問題，她計畫在會上與業內精英做一個很好的交流並使自己有所提高。

但是，第一天她就遇到了麻煩，公司額外要求她來協調與會者的傍晚活動，這樣可以更深層次地履行公司作為東道主的職責。本來為這次討論會的成功作出貢獻也是羅絲的心願，這也符合她的價值觀和原則，她越思考越覺得這是她應當做的。

於是，她接受了，但她發現自己處於巨大的壓力和憂慮之中。她來回奔忙，試圖滿足每個人的要求，但由於抽不出時間來做原來想做的事而使自己變得很沮喪。

就在這種沮喪中，她突然停下來，問自己：「等一等，我為什麼要去做那些自己並不擅長的事呢？我有義務去執行公司派給的任務，但我又不必去做我不擅長的事啊！再說公司並不是不明白我的長處，我向他們說明我的處境，他們應該會派一名適合做這個工作的人來接替我的，難道不是這樣嗎？」

她深深吸了一口氣，撥通了公司的電話，將自己目前的處境跟上司進行了溝通。上司立即明白了她的想法，並作出了及時的調整，派出一名專門安排各種活動的公關經理接替了羅絲的工作。

在這次研討會上，羅絲獨特的見解和市場眼光贏得了業界人士的普遍讚揚，也給公司贏得了極大的榮譽和良好的影響。

經過這次經歷以後，羅絲每次接受任務時都會考慮那些事

是應該做的，怎麼做才能取得最好的效果。也正是這樣的工作作風，使她每次都能贏得公司的表彰，多次被評為公司的優秀員工。

能夠做正確的事的人，是一個做事有重點、有方向的人，那麼，我們要如何才能讓自己做正確的事呢？

1.以企業利益為重

在公司中，我們應當以企業利益為重，將公司的發展目標與自己做事的目的聯繫起來，站在全局的高度思考問題，這樣可避免重覆作業，減少錯誤的機會。我們在工作中，必須處理的問題包括：我現在的工作必須作出那些改變？可否建議我要從那個地方開始？我應該注意那些事情，可以避免影響達到目標？有那些可用的工具與資源？

2.找出「正確的事」

工作的過程就是解決一個個問題的過程。有時候，一個問題會擺到你的辦公桌上讓你去解決。問題本身已經相當清楚，解決問題的辦法也很清楚。但是，不管你要衝向那個方向，想先從那個地方下手，正確的工作方法只能是：在此之前，請你確保自己正在解決的是正確的問題——很有可能，它並不是先前交給你的那個問題。搞清楚交給你的問題是不是真正的問題，唯一的辦法就是更深入地挖掘和收集事實，問問題，多看，多聽，多想，一般用不了多久，你就能搞清楚自己走的方向到底對不對。

3.對目標負責

做正確的事要求我們對目標負責，要有高度的責任感，自覺地把自己的工作和公司的目標結合起來，對公司負責，也對

自己負責；然後，發揮自己的主動性、能動性，去推進公司發展目標的實現。

4. 學會說「不」

一個人要做正確的事，就應當學會說「不」，不能讓額外的要求擾亂自己的工作進度。對於許多人來說，拒絕別人的要求似乎是一件難上加難的事情。拒絕的技巧是非常重要的職場溝通能力。在你決定該不該答應對方的要求時，應該先問問自己「我想要做什麼」或是「不想要做什麼」、「什麼對我才是最好的」。在做決定時我們必須考慮，如果答應了對方的要求是否會影響既有的工作進度，而且會因為我們的拖延而影響到其他人？而如果答應了，是否真的可以達到對方要求的目標。

5. 善用溝通的力量

溝通在提高工作效率中有著十分重要的作用，例如，你在工作中可能會出現「手邊的工作都已經做不完了，又丟給我一堆工作，實在是沒道理」這樣的抱怨，這時候，如果你保持沉默，很可能會給老闆留下辦事不力的印象。所以，如果你工作中出現了這種情況，你切不可保持沉默，而應該主動溝通，清楚地向老闆說明你的工作安排，主動提醒老闆安排事情的優先順序，並認真聆聽老闆的意見，這樣可大幅減輕你的工作負擔。

老闆是需要被提醒的，在工作中，我們應該時刻提醒自己，與老闆的溝通是否充分，我們有沒有適當地反映真實情況？如果我們不說出來，老闆就會以為我們有時間做這麼多的事情。況且，他可能早就不記得之前已經交代給你太多的工作。

4

專注於有效的工作，忙在點子上

　　能夠時刻專注於有效的工作是一個人提升工作效能的最佳方法。一個人只靠忙並不能保證取得良好的效果，只有善於把握重點，能夠時刻忙於要事的人才能夠取得好的結果，成爲工作和辛勤勞動的受益者。「最近比較忙」是很多人的口頭禪，在講究效率的當今社會更是如此。忙著工作，忙著賺錢，忙著學習，忙著消費……「忙」字成了很多人心頭唯一的關鍵字。然而，只靠忙並不能直接爲我們帶來滿意的結果。

　　美國的時間管理之父阿蘭·拉金說過，「勤勞不一定有好報，要學會聰明地工作」。拉金先生的意思是告訴我們，一個人只靠忙並不能保證取得好的結果，只有善於時刻忙於要事的人才能夠取得好的結果，成爲工作的受益者。

　　能夠時刻忙於要事，專注於有效的工作是一個人提高工作效能的關鍵。區別一個人工作效能高低的一個重要標準不是看他有多麼努力地工作，而要看他能不能時刻忙於要事，忙在點子上。

　　這一點對於員工來說尤其重要。一名員工如果無法分清什麼工作是有效的，什麼工作是無效的，那麼他將會忙忙碌碌而

一事無成。

詹妮是一家公司的職員，大學畢業後，在求職上並沒有費多少週折，就順利地進入了這家著名的跨國公司，因為她精明能幹、善解人意，當然很受老闆的賞識。進這家公司沒有多久，她就由普通員工提拔為經理助理。

為此，她工作更加敬業，每天的工作都幫老闆安排得井井有條，和同事關係處理得也很好，單位的同事們都很友好地待她。

詹妮在這裏的工作用她自己的話說是得心應手，心情也很舒暢。在這家公司裏，與她同一屆畢業的同學當中，她是做得最好的。所以，難免會有同學打電話來詢問她一些關於工作上的事情。

每當接到電話，善解人意的詹妮就積極地幫助他人出謀劃策，幫他們解決工作上遇到的很多問題。

這樣一來，她就無法專注於有效的工作上，經理也批評過她，說：「你做這些雖然幫了同事、同學，甚至對提高公司其他人員的工作能力都起到了非常好的作用，可這些事對你來說畢竟都是無效的，這些無效的事遲早會誤了公司和你自己的大事。」

但詹妮依然故我，每天還是忙忙碌碌的，熱心地做著她的很多分外事。

一次，總部的老闆打電話過來，結果電話一直佔線，而這一次老闆的電話是通知詹妮的經理：有個重要的合約要與他協商。結果，老闆一直等了半個多小時，才把電話打進來。瞭解電話佔線不是因為詹妮的經理在洽談別的生意，而是詹妮接了

一個電話，正在熱心地幫助別人，做那些無效的工作後　老闆
一句話沒說就把電話掛了。

直到有一天，正當詹妮在修改一份公司報告時，老闆從總
部發來一份傳真：詹妮很出色，也很努力，但是她沒有很清楚
地認識到那些事才是對她和對公司最有效的。我希望下次見到
的不是詹妮，而是一個能專注於有效工作的員工。

詹妮被辭退了，同事們都感到很吃驚。

後來，這家公司在招聘時，面試題中就多了一項——你認
爲什麼樣的工作才是有效的？

能夠認識到什麼樣的工作才是有效的，會使你在工作中事
半功倍，處處領先於別人。一名優秀的員工不僅要勤奮工作，
還要時刻專注於有效的工作，不僅要正確地做事，而且還要做
正確的事情。

李力是國內一家知名汽車配件公司的王牌銷售員，他主要
客戶都是家用汽車製造商。在公司，李力可是一位真正的風雲
人物。由於銷售業績出眾，他不僅收入頗高，而且在公司內部
受到了極高的禮遇。他可以使用公司的 A 級會客室接見客人，
甚至連公司高級管理層都經常向他請教一些關於市場的問題。
據公司內部傳言，如果不是因為李力堅持不肯放棄銷售員職位
的話，他很可能已經升為公司的銷售總監了。

和大多數銷售員不同的是，人們很難看到李力慌慌張張地
到處拜訪客戶，他也不會像許多銷售員那樣一到辦公室就拿起
電話撥個不停。跟那些銷售員相比，李力顯得鎮靜從容得多。
實際上，他大多數時候都是在等著接電話，因為他的很多客戶
會主動為他介紹更多新的客戶。

「不斷拜訪新客戶並不是一種錯誤的行為，」李力在公司內部刊物跟大家交流經驗的時候這樣寫道，「但坦白地說，這並不是一個特別講求效率的做法，尤其對於那些已經建立了一定客戶基礎的銷售人員來說，維護已有的客戶關係似乎更加重要。

「首先，那些曾經使用過我們公司產品的人往往會比較容易接受我們的產品，而且維護老客戶的費用通常要比培養新客戶的費用低一些。如果，你對我們的客戶做一下仔細的分析，你就會發現這樣一條規律：我們只需要投入 20%的精力維持老客戶，就可以獲得 80%的效果。如果說成為王牌銷售員有什麼秘訣的話，這就是我的秘訣。」

李力在這裏不僅為我們提供了一種行之有效的方法，更重要的是，為我們指明了工作的方向：要把工作重點轉移到最有效的事情上，把握住正確的做事方向。

找出工作中有那些不需要做的事情，可以讓我們把精力都集中在有效的工作上。有經驗的園丁往往習慣於把樹木上許多能開花結果的枝條剪去，一般人會覺得很可惜，但是園丁們知道，為了使樹木能更快地茁壯成長，為了讓以後的果實結得更飽滿，就必須忍痛將這些旁枝剪去。否則，將來的總收成肯定要減少無數倍。

那些有經驗的花匠也習慣於把許多快要綻開的花蕾剪去。這是為什麼呢？這些花蕾不是同樣可以開出美麗的花朵嗎？花匠們知道，剪去其中的大部分花蕾後，可以使所有的養分都集中在剩下的少數花蕾上。等到這少數花蕾綻開時，一定可以成為罕見、珍貴、碩大無朋的奇葩。

做事就像培植花木一樣，與其把所有的精力都消耗在無意

義的事情上，還不如看準一項適合自己的重要事業，集中所有的精力，全力以赴、埋頭苦幹，肯定可以取得傑出的成績。

世界上無數的失敗者之所以沒有成功，並不是因爲他們的才幹不夠，而是他們不能集中精力，全力以赴地去做適當的工作，大好精力被浪費在東西南北各個方向上，而他們自己竟然從未覺察到這一問題。如果把心中的那些雜念一一剪掉，使生命力的所有養料都集中到一個方面，那麼他們將來一定會驚訝——自己的事業竟然能夠結出那麼美麗豐碩的果實。

5

第一次就把事情做對

「第一次就把事情做對」，是一條優秀企業的效能定律，它要求員工在工作中找到正確的事情，之後用適當的方法將該做的事情一次就做到位。

如果你到華晨金杯汽車有限公司進行參觀，首先映入眼簾的就是懸在工廠門口的條幅——第一次就把事情做對。

「第一次就把事情做對(Do It Right The First Time 簡稱 DIRFT)」，是著名管理學家克勞士比「零缺陷」理論的精髓之一。第一次就做對是最便宜的經營之道！第一次做對的概念是企業的靈丹妙藥，同時也是我們提升工作效率的一個重要法

則。

在我們的工作中經常會出現這樣的現象：

——5%的人並不是在工作，而是在製造問題，無事生非，他們是在破壞性地做。

——10%的人正在等待著什麼，他們永遠在等待、拖延，什麼都不想做。

——20%的人正在為增加庫存而工作，他們是在沒有目標地工作。

——10%的人沒有對公司作出貢獻，他們是「盲做」、「蠻做」，雖然也在工作，卻是在進行負效勞動。

——40%的人正在按照低效的標準或方法工作，他們雖然努力，卻沒有掌握正確有效的工作方法。

——只有15%的人屬於正常範圍，但績效仍然不高，仍需要進一步提高工作品質。

無論做什麼事，都要講究到位，半到位又不到位是最令人難受的。在我們執行工作的過程中，「第一次就把事情做對」是一個應該引起足夠重視的理念。如果這件事情是有意義的，現在又具備了把它做對的條件，為什麼不現在就把它做對呢？

當我們被要求「第一次就把事情做對」時，許多人會反駁：「我很忙。」因為很忙，就可以馬馬虎虎地做事嗎？其實，返工的浪費最冤枉。第一次沒做好，再重新做時既不快，花費也不少。忙要為效率忙，而不是在忙中出錯。

有位廣告經理曾經犯過這樣一個錯誤，由於完成任務的時間比較緊，在審核廣告公司回傳的樣稿時不仔細，在發佈的廣告中弄錯了一個電話號碼——服務部的電話號碼被他們打錯了

一個數字。就是這麼一個小小的錯誤，給公司造成了一系列的麻煩和損失。後來，因為一連串偶然的因素使他發現了這個錯誤，他不得不放下其他的工作並靠加班來彌補。同時，還讓上司和其他部門的數位同仁陪他一起忙了好幾天。幸好錯誤發現得早，否則造成的損失必將進一步擴大。

由此可見，第一次沒把事情做對，忙著改錯，改錯中又很容易忙出新的錯誤，惡性循環的死結越纏越緊。這些錯誤往往不僅讓自己忙，還會放大到讓很多人跟著你忙，造成巨大的人力和物資損失。

由此可見，企業中每個人的目標都應是「第一次就把事情完全做對」，至於如何才能做到在第一次就把事情做對，克勞士比先生也給了我們正確的答案。這就是首先要知道什麼是「對」，如何做才能達到「對」這個標準。

第一次就把事情做對，會深深影響一家企業的營運。試想想看，若一位業務人員在第一次沒有弄清客戶的需求，就胡亂應答「可以」、「一切都沒問題」、「我們可以做到」，等到客戶簽約後，才發現合約內容根本無法符合其需求，造成已投入 20% 的心力正準備開始時，客戶卻表示因為內容不符不想簽約，或造成技術人員或研發人員需設法解決業務所承諾的各種答案，那是多麼可惜，也是多麼浪費啊。有可能成為顧客的潛在客戶，卻無法成為你的顧客，浪費了多少位員工的時間及心力，卻還是沒有辦法彌補第一次沒把事情做對的後果。

企業在召募人才時，應該第一次就找到對的人，讓對的人來為你的企業賣力。在此需注意，所謂對的人，不一定是最優秀的人，而是最適合、最「對」的人。若沒有在一開始就找到

291

符合企業文化的人，以後你可能會面對不斷爲這個頭痛人物的所作所爲收拾殘局的問題。需要不斷爲他留下的各種小問題進行處理及善後，也需要爲他不能和企業成員融洽相處等各種後遺症不斷疲於奔波，解決處理。這遠比當初謹慎選擇一位適合的人才，要多 10 倍或 20 倍的心力及時間。由此而知，我們怎能不慎重呢？

　　另外在新進成員剛進公司時，也是所謂的「第一次」。第一次接觸公司的文化，第一次嘗試新工作的任務，第一次執行該公司的項目。在第一次時，就要養成新進人員的士氣，團體作業的態度、頗具效益的做事方法。一旦良好習慣養成了，日後也不需花費太多時間，再調整糾正其做事方法及態度，反而可讓新進成員上手後，運用其自身意志，以最適合企業屬性及認知的方法來處理每件事。

　　而在數據或文件歸檔時，能第一次就把事情做對，更可以爲你省下不少時間。有多少次，我們翻箱倒櫃，尋找一份兩個月前所看過的數據，尋找一篇之前網路搜尋所找到的文章，少說也要花個十分鐘到半小時來尋找吧！有多少次，我們因爲需要找尋一位聯繫人，而不停地將名片盒反覆查看。這都是第一次沒有把事情做對所引發的後果。

　　另外，要把事情一次做對，還要求我們在工作中要認真思考，力爭將問題一次性解決。

　　從前，有一位地毯商人，看到最美麗的地毯中央隆起了一塊，便把它弄平了。但是在不遠處，地毯又隆起了一塊，他再把隆起的地方弄平。不一會兒，在一個新地方又再次隆起了一塊。如此一而再，再而三，他試圖弄平地毯，直到最後他拉起

地毯的一角，看到一條蛇溜出去為止。

很多人解決問題，只是把問題從系統的一個部分推移到另一個部分，或者只是完成一個大問題裏面的一小部分。比如，工廠的某台機器壞了，負責維修的師傅只是做一下最簡單的檢查，只要機器能正常運轉了，他們就停止對機器做一次徹底清查，只有當機器完全不能運轉了，才會引起人們的警覺。這種只滿足於小修小補的態度如果不轉變，將會給公司和個人帶來巨大的損失。正確的做，去是把問題想透徹，找出合理的方案，將問題一次性地徹底解決。

重覆作業是造成一個人工作效率低下的重要原因。在很多人的工作經歷中，也許都發生過工作越忙越亂，解決了舊問題，又發生了新故障，在忙亂中造成了新的工作錯誤，結果是輕則自己不得不手忙腳亂地改錯，浪費大量的時間和精力，重則返工檢討，給公司造成損失或形象損失。

因此，我們要提高工作效率就要懂得為效率忙的道理，要堅持「第一次就把事情做對的工作理念」。盲目的忙亂毫無價值，我們無論自己的工作再忙，也要在必要的時候停下來思考一下，用腦子使巧勁解決問題，而不盲目地拼體力交差。第一次就把事情做好，把該做的工作做到位，這正是解決「忙症」的要訣。

6

發現問題，主動做好公司需要的事

　　一個做事高效的員工不一定是個能夠為老闆分憂的人。每一個企業、每一個老闆最需要的不是那些只懂得如何高效工作的人，而是那些既能夠掌握高效的工作方法，又能夠正確地做事，能夠把事情做得又快又好的員工。

　　薩克斯頓在著名的傳播機構貝爾‧霍韋，公司任職時，一名高級管理人員要對公司眾多分支機構進行整合，擬訂計畫以協調它們的工作。為了配合上級的工作，薩克斯頓把自己的目光投向了維爾丁電影製作公司。雖然該公司一直在虧損，但是薩克斯頓知道它可以扭虧為盈。

　　為此，他提出一個具體的市場開拓計畫，建議維爾丁公司賣掉電影製片廠，將業務集中在諮詢顧問及推銷新產品上，老闆對此大為讚賞，當即提拔薩克斯頓為維爾丁公司副總裁，主管市場開拓。不到一年工夫，他就使維爾丁公司芝加哥分部開始贏利。薩克斯頓用業績向公司管理層證明了自己的能力，從而也為自己贏得了一個更高職位。

　　不管你是想在現時的公司晉升，還是試圖在外面找一個更理想的工作，作為員工，都應該掌握這樣一個法則：積極主動

地為你的老闆分擔煩惱，及時發現工作中出現的問題，主動做好公司需要的事。

　　一個做事高效的員工不一定是個能夠為老闆分憂的人，每一個企業和老闆最需要的不是那些只能夠掌握高效工作方法的人，而是那些既能夠把握住做事的方向，又能夠把事情做得又快又好的員工。諾基亞公司優秀職員詹森就是一個既能夠掌握正確的做事方法，又能夠把握住正確的做事方向，能夠主動去做公司需要的事的典範。

　　在諾基亞公司手機研發部工作的詹森這幾天一直悶悶不樂，同事見他一副眉頭緊鎖的樣子就開玩笑道：「詹森先生那兒都好，就是太不知足了。你也不想想，咱們研發部，只要完成了公司下達的研發任務，薪水就能比生產和銷售部拿得還多，該高興才是啊！」

　　另一個同事也嘻嘻哈哈地接口道：「這次的任務只是改進一下機型，這麼簡單的任務那兒能難住我們的天才詹森先生啊！」

　　詹森說：「我不是為了薪水想不開，也不是為了公司派給的任務，我是在想，我們整天坐在研究室裏，除了完成上面派給的任務，改進一下機型，就什麼事也不做了。現在手機市場競爭這麼激烈，我們能不能主動做一些工作，給公司拿出些新穎的創意？」

　　同事無奈地說：「嗨，詹森，別癡人說夢了！現在諾基亞手機已經是世界著名品牌了，不管是技術性能，還是外觀形象，都早已深入人心了，還上那裏去找創意？」

　　儘管同事們說得有些道理，但詹森還是暗下決心：我一定要在完成公司任務的基礎上，主動而努力地工作，讓諾基亞在

自己的辛勤工作中有一個質的飛躍！

有了這個非同一般的想法和目標以後，詹森寢食難安，每天除了完成公司下述的任務，滿腦子都在考慮如何讓諾基亞更符合消費者的需求。

一天，在地鐵裏他獲得了一個驚人的發現：幾乎所有的時尚男女都佩帶著手機、一次性相機和袖珍耳機。

這給了他很大的靈感：能不能把這三種最時髦的東西組合在一起呢？果真如此的話，不是變得既輕便又快捷嗎？

第二天，詹森馬上找到主管，對他說：「如果我們在手機上裝一個攝像頭，讓人們在接聽音樂的同時，把自己和能見到的所有美好事物都拍攝下來，再發給親友，是多麼激動人心啊！」

主管被他的創意驚喜得高聲叫道：「好樣的！詹森，我們馬上就按你的想法著手研製！」

這種具有拍攝和接聽音樂功能的手機在詹森的帶領下，很快研製成功，它剛一推向市揚，就深受人們的青睞。

詹森不但實現了自身的價值，而且得到了應有的獎賞。更重要的是，在實現目標的過程中，詹森得到了從未有過的快樂！

職場中，有很多人都滿足於自己的工作狀況，習慣於按照上司的安排埋頭工作，不想學習，也不對自己的工作進行詳細的思考。認為自己按照上司的指令，盡職盡責地努力工作了，縱然出現了失誤和漏洞，也不關自己的事。其實，這也是一種不負責任的行為，時間長了，這種行為將會讓自己的頭腦中充滿惰性，失去創造的活力和新穎的思想。

一名優秀的員工應當像詹森一樣，工作中沒有問題就去主動地發現問題，主動地尋求改進方法，只有這樣，才能把握住

工作中的每一次機遇，在自己的崗位上做出驕人的業績。

經常問問題，才能夠更好地發現問題。英代爾公司的副總裁吉伯特先生建議我們從以下五個方面去找問題：

第一，向「關鍵點」要問題。關鍵點往往決定全局。因此，請重視：那些點、那些環節、那些崗位、那些人、那些時間是關鍵的？「關鍵點」抓準了就會「綱舉目張」。

第二，向「薄弱點」要問題。一個鏈條有 10 個鏈環，其中 9 個鏈環都能承受 100 公斤拉力，唯獨有一個鏈環的承受拉力只有 10 公斤。那麼這個鏈條總體能承受的拉力取決於最薄弱的那個環節，只能是 10 公斤。「木桶原理」也指出：木桶能盛多少水，不是取決於最長的那些板，而是取決於最短的那塊板。

第三，向「盲點」要問題。盲點就是你疏忽而看不到的地方。向盲點要問題，就是要到我們容易忽視的崗位、部門、工序、人員、時間等上面，去發現問題，或去防止問題的發生。

第四，向「奇異點」要問題。奇異點，是異乎尋常的點。異常現象可以提供新的機遇，或者引發創新，帶來變革，也可以引發破壞，從而帶來不可彌補的損失。

第五，向「結合點」要問題。上下級之間、家庭與工作單位之間、前後工序之間、甲乙方之間、單位與外部環境間、計畫的兩個環節之間等，都屬於兩個事物的連接部位，即結合點。結合點是最容易出現問題的。為什麼？因為結合點部位是資訊的集散地，是矛盾的集中地，是人們注意力的關注點。

找準了以上的五點，不僅容易避免出現引發損失的問題，還能把損失減小到最低程度。而且由於善於探尋問題，很可能還有新的發現與創造。

7

團隊比個人更有力量

　　一滴水只有融入大海才能生存，才能掀起滔天巨浪。同樣，一個人也只有融入團隊才能生存成長。放眼一流的工作團隊，它們之所以會出類拔萃，無非是它們的成員能拋開自我，彼此高度信賴，一致為整體的目標付出心力的結果。看過德國足球隊比賽的人應該都注意到了，這個被稱為「日爾曼戰車」的球隊，頻頻在世界級的比賽中問鼎冠軍，可整個球隊卻難以找出一個技術超群的個人球星。

　　一位世界著名的教練說：「在所有的隊伍當中，德國隊是出錯最少的，或者說，他們從來不會因為個人而出差錯。從單個的球員看，他們是不完美的，德國隊是脆弱的。可是他們 11 個人就好像是由一個大腦控制的，在足球場上，不是 11 個人在踢足球，而是一個巨人在踢，對對手而言那是非常可怕的。」

　　全隊擰成一根繩，發揮團隊的最大力量──這就是德國隊的秘訣！

　　企業也是如此，企業是一艘巨大的航母，每一個員工都是它不可或缺的一部分。這艘航母能否朝著企業的預定目標前進，有賴於全體員工的精誠合作。只有每一個員工的力量都保

持一致，企業前進的利箭才會以無堅不摧的力量射中靶心。

　　井深大剛進新力公司時，新力還是一個只有 20 多人的小企業。但老闆盛田昭夫卻對他充滿信心地說：「我知道你是一個優秀的電子技術專家，就像好鋼要用在刀刃上一樣，我要把你安排在最重要的崗位上——由你來全權負責新產品的研發怎麼樣？希望你能發揮榜樣的作用，充分地激發其他人。你這一步走好了，企業也就有希望了！」

　　「我？我還很不成熟，雖然我很願意擔此重任，但實在怕有負重托呀！」雖然深井大對自己的能力充滿信心，但是他還是知道老闆壓給他的擔子有多重——那絕對不是靠一個人的力量能應付得來的。

　　「新的領域對每個人都是陌生的，關鍵在於你要和大家聯起手來，這才是你的強勢所在！把眾人的智慧合起來，還能有什麼困難不能戰勝呢？」盛田昭夫很有信心。

　　井深大一下子豁然開朗：「對呀，我怎麼光想自己？不是還有 20 多名員工嗎？為什麼不虛心地向他們求教，和他們一同奮鬥呢？」

　　他找到市場部的同事一同探討銷路不暢的問題，他們告訴他：「磁帶答錄機之所以不好銷，一是太笨重，一台大約 45 公斤；二是價錢太貴，每台售價 16 萬日元，一般人很難接受，半年也賣不出一台。您能不能往輕便和低廉上考慮？」井深大點頭稱是。

　　然後他又找到資訊部的同事瞭解情況。資訊部的人告訴他：「目前，美國已採用電晶體生產技術，不但大大降低了成本，而且非常輕便。我們建議您在這方面下功夫。」他回答：「謝謝。

我會朝著這方面努力的！」在研製過程中，他又和生產第一線的工人團結合作，終於一同攻克了一個個難關，在 1954 年，試製成功日本最早的晶體管收音機，並成功地推向市場。新力公司由此開始了企業發展的新紀元！

井深大深深地體會到團隊的力量，從這次的成功經歷中，井深大更加明白了一個道理：沒有完美的個人，只有完美的團隊。

當你成為團隊中的一員時，「我」就變成了「我們」。你必須捨棄部分的自我，整個團隊才有茁壯成長的可能。

在團隊中，除了要讓每個人都有自我成長、完成目標的機會之外，也要讓整個團體為設定的遠景目標而努力。如此一來，便能達成個人和團隊的「雙贏」。

一滴水只有融入大海才能生存，才能掀起滔天巨浪。同樣，一個人也只有融入團隊才能生存成長。放眼一流的工作團隊，它們之所以會出類拔萃，無非是它們的成員能拋開自我，彼此高度信賴，一致為整體的目標付出心力的結果。

圖書出版目錄

郵局劃撥號碼：18410591　　　　郵局劃撥戶名：憲業企管顧問公司

-------經營顧問叢書-------

4	目標管理實務	320 元	27	速食連鎖大王麥當勞	360 元
5	行銷診斷與改善	360 元	30	決戰終端促銷管理實務	360 元
6	促銷高手	360 元	31	銷售通路管理實務	360 元
7	行銷高手	360 元	32	企業併購技巧	360 元
8	海爾的經營策略	320 元	33	新產品上市行銷案例	360 元
9	行銷顧問師精華輯	360 元	37	如何解決銷售管道衝突	360 元
10	推銷技巧實務	360 元	38	售後服務與抱怨處理	360 元
11	企業收款高手	360 元	40	培訓遊戲手冊	360 元
12	營業經理行動手冊	360 元	41	速食店操作手冊	360 元
13	營業管理高手（上）	一套	43	總經理行動手冊	360 元
14	營業管理高手（下）	500 元	45	業務員如何經營轄區市場	360 元
16	中國企業大勝敗	360 元	46	營業部門管理手冊	360 元
18	聯想電腦風雲錄	360 元	47	營業部門推銷技巧	390 元
19	中國企業大競爭	360 元	48	餐飲業操作手冊	390 元
21	搶灘中國	360 元	49	細節才能決定成敗	360 元
22	營業管理的疑難雜症	360 元	50	經銷商手冊	360 元
23	高績效主管行動手冊	360 元	52	堅持一定成功	360 元
24	店長的促銷技巧	360 元	54	店員販賣技巧	360 元
25	王永慶的經營管理	360 元	55	開店創業手冊	360 元
26	松下幸之助經營技巧	360 元			

56	對準目標	360元	80	內部控制實務	360元
57	客戶管理實務	360元	81	行銷管理制度化	360元
58	大客戶行銷戰略	360元	82	財務管理制度化	360元
59	業務部門培訓遊戲	380元	83	人事管理制度化	360元
60	寶潔品牌操作手冊	360元	84	總務管理制度化	360元
61	傳銷成功技巧	360元	85	生產管理制度化	360元
62	如何快速建立傳銷團隊	360元	86	企劃管理制度化	360元
63	如何開設網路商店	360元	87	電話行銷倍增財富	360元
64	企業培訓技巧	360元	88	電話推銷培訓教材	360元
65	企業培訓講師手冊	360元	89	服飾店經營技巧	360元
66	部門主管手冊	360元	90	授權技巧	360元
67	傳銷分享會	360元	91	汽車販賣技巧大公開	360元
68	部門主管培訓遊戲	360元	92	督促員工注重細節	360元
69	如何提高主管執行力	360元	93	企業培訓遊戲大全	360元
70	賣場管理	360元	94	人事經理操作手冊	360元
71	促銷管理（第四版）	360元	95	如何架設連鎖總部	360元
72	傳銷致富	360元	96	商品如何鋪貨	360元
73	領導人才培訓遊戲	360元	97	企業收款管理	360元
74	如何編制部門年度預算	360元	98	主管的會議管理手冊	360元
75	團隊合作培訓遊戲	360元	100	幹部決定執行力	360元
76	如何打造企業贏利模式	360元	101	店長如何提升業績	360元
77	財務查帳技巧	360元	104	如何成為專業培訓師	360元
78	財務經理手冊	360元	105	培訓經理操作手冊	360元
79	財務診斷技巧	360元	106	提升領導力培訓遊戲	360元

107	業務員經營轄區市場	360 元		巧	
109	傳銷培訓課程	360 元	133	總務部門重點工作	360 元
110	〈新版〉傳銷成功技巧	360 元	134	企業薪酬管理設計	
111	快速建立傳銷團隊	360 元	135	成敗關鍵的談判技巧	360 元
112	員工招聘技巧	360 元	136	365 天賣場節慶促銷	360 元
113	員工績效考核技巧	360 元	137	生產部門、行銷部門績效考核手冊	360 元
114	職位分析與工作設計	360 元			
116	新產品開發與銷售	400 元	138	管理部門績效考核手冊	360 元
117	如何成爲傳銷領袖	360 元	139	行銷機能診斷	360 元
118	如何運作傳銷分享會	360 元	140	企業如何節流	360 元
120	店員推銷技巧	360 元	141	責任	360 元
121	小本開店術	360 元	142	企業接棒人	360 元
122	熱愛工作	360 元	143	總經理工作重點	360 元
124	客戶無法拒絕的成交技巧	360 元	144	企業的外包操作管理	360 元
			145	主管的時間管理	360 元
125	部門經營計畫工作	360 元	146	主管階層績效考核手冊	360 元
126	經銷商管理手冊	360 元	147	六步打造績效考核體系	360 元
127	如何建立企業識別系統	360 元	148	六步打造培訓體系	360 元
128	企業如何辭退員工	360 元	149	展覽會行銷技巧	360 元
129	邁克爾‧波特的戰略智慧	360 元	150	企業流程管理技巧	360 元
			151	客戶抱怨處理手冊	360 元
130	如何制定企業經營戰略	360 元	152	向西點軍校學管理	360 元
131	會員制行銷技巧	360 元	153	全面降低企業成本	360 元
132	有效解決問題的溝通技	360 元	154	領導你的成功團隊	360 元

11	連鎖業物流中心實務	360元		10	生產管理制度化	360元
12	餐飲業標準化手冊	360元		11	ISO認證必備手冊	380元
13	服飾店經營技巧	360元		12	生產設備管理	380元
14	如何架設連鎖總部	360元		13	品管員操作手冊	380元
18	店員推銷技巧	360元		14	生產現場主管實務	380元
19	小本開店術	360元		15	工廠設備維護手冊	380元
20	365天賣場節慶促銷	360元		16	品管圈活動指南	380元
21	連鎖業特許手冊	360元		17	品管圈推動實務	380元
22	店長操作手冊(增訂版)	360元		18	工廠流程管理	380元
23	店員操作手冊(增訂版)	360元		20	如何推動提案制度	380元
24	連鎖店操作手冊 （增訂版）	360元		21	採購管理實務	380元
				22	品質管制手法	380元
25	如何撰寫連鎖業營運手冊	360元		23	如何推動5S管理 （修訂版）	380元
26	向肯德基學習連鎖經營	350元		24	六西格瑪管理手冊	380元

～～～～《工廠叢書》～～～～

				25	商品管理流程控制	380元
1	生產作業標準流程	380元		27	如何管理倉庫	380元
2	生產主管操作手冊	380元		28	如何改善生產績效	380元
3	目視管理操作技巧	380元		29	如何控制不良品	380元
4	物料管理操作實務	380元		30	生產績效診斷與評估	380元

～～～～《醫學保健叢書》～～～～

5	品質管理標準流程	380元				
6	企業管理標準化教材	380元		1	9週加強免疫能力	320元
8	庫存管理實務	380元		2	維生素如何保護身體	320元
9	ISO 9000管理實戰案例	380元		3	如何克服失眠	320元

4	美麗肌膚有妙方	320 元		26	人體器官使用說明書	360 元
5	減肥瘦身一定成功	360 元		27	這樣喝水最健康	360 元
6	輕鬆懷孕手冊	360 元		28	輕鬆排毒方法	360 元
7	育兒保健手冊	360 元		29	中醫養生手冊	360 元
8	輕鬆坐月子	360 元		30	孕婦手冊	360 元
9	生男生女有技巧	360 元		31	育兒手冊	360 元
10	如何排除體內毒素	360 元		32	幾千年的中醫養生方法	360 元
11	排毒養生方法	360 元		33	免疫力提升全書	360 元
12	淨化血液　強化血管	360 元		34	糖尿病治療全書	360 元
13	排除體內毒素	360 元		35	活到 120 歲的飲食方法	360 元
14	排除便秘困擾	360 元		36	7 天克服便秘	360 元
15	維生素保健全書	360 元		《幼兒培育叢書》		
16	腎臟病患者的治療與保健	360 元		1	如何培育傑出子女	360 元
17	肝病患者的治療與保健	360 元		2	培育財富子女	360 元
18	糖尿病患者的治療與保健	360 元		3	如何激發孩子的學習潛能	360 元
19	高血壓患者的治療與保健	360 元		4	鼓勵孩子	360 元
21	拒絕三高	360 元		5	別溺愛孩子	360 元
22	給老爸老媽的保健全書	360 元		6	孩子考第一名	360 元
23	如何降低高血壓	360 元		7	父母要如何與孩子溝通	360 元
24	如何治療糖尿病	360 元		8	父母要如何培養孩子的好習慣	360 元
25	如何降低膽固醇	360 元		9	父母要如何激發孩子學習潛能	360 元

10	如何讓孩子變得堅強自信	360 元

《財務管理叢書》

1	如何編制部門年度預算	360 元
2	財務查帳技巧	360 元
3	財務經理手冊	360 元
4	財務診斷技巧	360 元
5	內部控制實務	360 元
6	財務管理制度化	360 元

為方便讀者選購，本公司將一部分上述圖書又加以專門分類如下：

《培訓叢書》

1	業務部門培訓遊戲	380 元
2	部門主管培訓遊戲	360 元
3	團隊合作培訓遊戲	360 元
4	領導人才培訓遊戲	360 元
5	企業培訓遊戲大全	360 元
8	提升領導力培訓遊戲	360 元
9	培訓部門經理操作手冊	360 元
10	專業培訓師操作手冊	360 元
11	培訓師的現場培訓技巧	360 元
12	培訓師的演講技巧	360 元

《企業制度叢書》

1	行銷管理制度化	360 元
2	財務管理制度化	360 元
3	人事管理制度化	360 元

4	總務管理制度化	360 元
5	生產管理制度化	360 元
6	企劃管理制度化	360 元

《主管叢書》

1	部門主管手冊	360 元
2	總經理行動手冊	360 元
3	營業經理行動手冊	360 元
4	生產主管操作手冊	380 元
5	店長操作手冊（增訂版）	360 元
6	財務經理手冊	360 元
7	人事經理操作手冊	360 元

《人事管理叢書》

1	人事管理制度化	360 元
2	人事經理操作手冊	360 元
3	員工招聘技巧	360 元
4	員工績效考核技巧	360 元
5	職位分析與工作設計	360 元
6	企業如何辭退員工	360 元

《理財叢書》

1	巴菲特股票投資忠告	360 元
2	受益一生的投資理財	360 元
3	終身理財計畫	360 元
4	如何投資黃金	360 元
5	巴菲特投資必贏技巧	360 元

最 暢 銷 的 商 店 叢 書

	名 稱	說 明	特 價
1	速食店操作手冊	書	360 元
4	餐飲業操作手冊	書	390 元
5	店員販賣技巧	書	360 元
6	開店創業手冊	書	360 元
8	如何開設網路商店	書	360 元
9	店長如何提升業績	書	360 元
10	賣場管理	書	360 元
11	連鎖業物流中心實務	書	360 元
12	餐飲業標準化手冊	書	360 元
13	服飾店經營技巧	書	360 元
14	如何架設連鎖總部	書	360 元
15	〈新版〉連鎖店操作手冊	書	360 元
16	〈新版〉店長操作手冊	書	360 元
17	〈新版〉店員操作手冊	書	360 元
18	店員推銷技巧	書	360 元
19	小本開店術	書	360 元
20	365 天賣場節慶促銷	書	360 元
21	科學化櫃檯推銷技巧	4 片（CD 片）	買 4 本商店叢書的贈品 CD 片（1800 元）

上述各書均有在書店陳列販賣，若書店賣完，而來不及由庫存書補充上架，請讀者直接向店員詢問、購買，最快速、方便！

好消息

贈送

凡向**出版社**一次劃撥購買上述圖書 4 本（含）以上，贈送「科學化櫃檯推銷技巧」（CD 片教材，一套 4 片）。

請透過郵局劃撥購買：

郵局劃撥戶名：憲業企管顧問公司

郵局劃撥帳號：18410591

使用**培訓**，提升企業競爭力

是萬無一失、事半功倍的方法。

其效果更具有超大的「投資報酬力」！

好消息

最　暢　銷　的　工　廠　叢　書

名　稱	特价	名稱	特價
1　生產作業標準流程	380 元	2　生產主管操作手冊	
3　目視管理操作技巧	380 元	4　物料管理操作實務	380 元
5　品質管理標準流程	380 元	6　企業管理標準化教材	380 元
7　如何推動 5S 管理	380 元	8　庫存管理實務	380 元
9　ISO 9000 管理實戰案例	380 元	10　生產管理制度化	380 元
11　ISO 認證必備手冊	380 元	12　生產設備管理	380 元
13　品管員操作手冊	380 元	14　生產現場主管實務	380 元
15　工廠設備維護手冊	380 元	16　品管圈活動指南	380 元
17　品管圈推動實務	380 元	18　工廠流程管理	380 元
19　生產現場改善技巧		20　如何推動提案制度	380 元
21　採購管理實務	380 元	22　品質管制手法	380 元
23		24　六西格瑪管理手冊	380 元
25　商品管理流程控制	380 元		

上述各書均有在書店陳列販賣，若書店賣完，而來不及由庫

存書補充上架，請讀者直接向店員詢問、購買，最快速、方便！

請透過郵局劃撥購買：

郵局劃撥戶名：憲業企管顧問公司

郵局劃撥帳號：18410591

如何藉助流程改善，

提升企業績效呢？

敬請參考下列各書，內容保證精彩：

- 企業的流程管理（360 元）（2007 年 6 月出版）
- 工廠流程管理（380 元）
- 商品管理流程控制（380 元）
- 如何改善企業組織績效（360 元）（2007 年 7 月出版）

　　上述各書均有在書店陳列販賣，若書店賣完，而來不及由庫存書補充上架，請讀者直接向店員詢問、購買，最快速、方便！

請透過郵局劃撥購買：

　　郵局戶名：憲業企管顧問公司

　　郵局帳號：18410591

最暢銷的《企業制度叢書》

	名稱	說明	特價
1	行銷管理制度化	書	360 元
2	財務管理制度化	書	360 元
3	人事管理制度化	書	360 元
4	總務管理制度化	書	360 元
5	生產管理制度化	書	360 元
6	企劃管理制度化	書	360 元

上述各書均有在書店陳列販賣，若書店賣完，而來不及由庫存書補充上架，請讀者直接向店員詢問、購買，最快速、方便！

請透過郵局劃撥購買：

郵局戶名：憲業企管顧問公司

郵局帳號：18410591

回饋讀者，免費贈送《環球企業內幕報導》電子報，請將你的 e-mail、姓名，告訴我們 huang2838@yahoo.com.tw 即可。

經營顧問叢書 ⑱⑭　　　售價：360 元

找方法解決問題

西元二〇〇八年六月　　　　　初版一刷

編著：張崇明

策劃：麥可國際出版有限公司（新加坡）

校對：洪飛娟

打字：張美嫻

編輯：劉卿珠

發行人：黃憲仁

發行所：憲業企管顧問有限公司

電話：(02) 2762-2241　　0930872873

臺北聯絡處：臺北郵政信箱第 36 之 1100 號

郵政劃撥：18410591 憲業企管顧問有限公司

常年法律顧問：江祖平律師（代理版權維護工作）

大陸地區訂書，請撥打大陸手機：13243710873

本公司徵求海外銷售代理商（0930872873）

出版社登記：局版台業字第 6380 號

ISBN：978-986-6704-53-6

擴大編制，誠徵新加坡、臺北編輯人員，請來函接洽。